临平地方特色农作物栽培集锦

LINPING DIFANG TESE NONGZUOWU ZAIPEI JIJIN

王　忠　庞法松　主编

中国农业科学技术出版社

图书在版编目（CIP）数据

临平地方特色农作物栽培集锦 / 王忠，庞法松主编. --北京：中国农业科学技术出版社，2024. 2

ISBN 978-7-5116-6713-7

Ⅰ. ①临…　Ⅱ. ①王… ②庞…　Ⅲ. ①作物－栽培技术　Ⅳ. ①S31

中国国家版本馆CIP数据核字（2024）第033032号

责任编辑　闫庆健
责任校对　王　彦
责任印制　姜义伟　王思文

出 版 者　中国农业科学技术出版社
　　　　　北京市中关村南大街12号　　邮编：100081
电　　话　（010）82106632（编辑室）　（010）82109702（发行部）
　　　　　（010）82109709（读者服务部）
网　　址　https: // castp.caas.cn
经 销 者　各地新华书店
印 刷 者　北京地大彩印有限公司
开　　本　170 mm × 240 mm　1/16
印　　张　14.5
字　　数　260千字
版　　次　2024年2月第1版　　2024年2月第1次印刷
定　　价　98.00元

《临平地方特色农作物栽培集锦》
编辑指导委员会

《临平地方特色农作物栽培集锦》
编委会

主　　编： 王　忠　庞法松

副主编： 王朝丽　何　娟　黄锡志　庞学明

参编人员：（以姓氏笔画为序）

马正荣　马良浩　王小英　王潇璇　白颂华
朱　燕　许思嘉　何林海　沈吉娇　沈建国
张国顺　郁齐亮　孟鹏翔　俞卫甫　莫树兴
贾芬花　徐建荣　唐红丽　商进涛　蔡斌军

序 Preface

杭州市临平区地处杭嘉湖平原水网地带，物华天宝、气候宜人、历史悠久、人文荟萃，是典型的江南水乡、富庶之地，拥有5 000多年的“良渚文化”、2 000多年的“运河文化”和1 000多年的“金石文化”。

临平和余杭的先民创造了灿烂的“良渚文化”，为人类社会积累了丰厚的物质和精神财富。其后，又历经各代临平人竭虑殚思，辛勤劳作，在这块古老的土地上更是名产迭出，佳品如云，赢得“鱼米之乡”“丝绸之府”“花果之地”和“文化之邦”的美誉。千百年来积淀了塘栖枇杷、尖头白荷莲藕、小林黄姜、梭子茭白等众多声名卓著的名特优农产品，经久不衰，成为农耕文化的著名品牌。在唐代成为贡品的有塘栖枇杷、小林黄姜、清水丝绵；在宋代成为贡品的有三家村藕粉、大红袍荸荠、临平甘蔗；梭子茭白几乎是现有浙江茭白品种的母种；超山杨梅宋代已盛，与闽广荔枝齐名；超山青梅以“古、广、奇”久负盛名，宋代以来就成为我国著名的观梅胜地；临平蚕桑始于良渚文化时期，成就“丝绸之府”之名；崇贤慈菇种植也历史悠久。从中可以看到临平农耕文化之灿烂，农业历史之悠久，这既是我们临平人的骄傲，但更是我们做好传承、保护、发展的历史责任。

在2022年12月召开的中央农村工作会议上，习近平总书记提出了“加快建设农业强国”的重要战略部署，随之各级政府也对此作出了一系列具体安排。临平建设农业强区，要依托农耕文明的深厚“家底”，历史悠久的农耕文明是我们不可多得的历史馈赠和宝贵财富，一方水土养育一方人，临平区具有丰富的历史

悠久的地方优势农作物品种，我们要利用好、发展好，推动生产方式向绿色生产转型升级，走科技化、机械化的“双强”之路，使这些地方特色农作物更适应本区的气候与地理环境，更体现出我区特有的农耕文化，这也是农业农村发展的价值依归。为此本书较为全面地介绍了塘栖枇杷、尖头白荷莲藕、梭子茭白、崇贤慈菇、大红袍荸荠、小林黄姜、临平甘蔗、超山杨梅、超山青梅和临平蚕业十大地方特色农作物的历史文化、实用价值、品种特性、传统栽培技术及现代先进栽培技术、采收留种技术等。延伸了枇杷气调保鲜技术、“三家村”藕粉制作技术、茭白秸秆资源化利用技术等。期望这十大历史名优特产在新时代展现更加靓丽的风采，继续发挥出产业优势、产品优势、竞争优势，成为我区农业的“金名片”，成为农民致富的“摇钱树”。

希望该书能为农业园区、农民专业合作社、家庭农场主和农业生产大户等提供生产技术指导，成为农业科技工作者学习农业技术的实用工具书，并为农耕文化爱好者对临平“十大特产”进行文史研究提供参考。

希望该书为临平农业绽放绚丽时代色彩，在乡村振兴和共同富裕发展进程中起到助推作用。

杭州市临平区农业农村局局长：孙文兰

2024年1月

目录 Contents

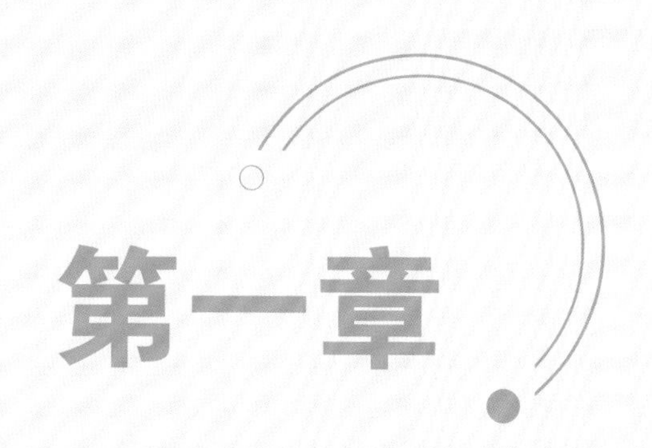

第一章

塘栖枇杷

第一节 塘栖枇杷的历史文化

枇杷属蔷薇科，为常绿小乔木，亚热带特产果树。因其叶片状似琵琶，故名（图1-1）。塘栖为全国四大枇杷主产区之一，根据《中国果树志》记载，塘栖枇杷早在隋代即开始种植，已有1 400多年的历史，在唐代时已相当繁盛（图1-2）。唐武德（618—626）年间编著的《唐书·地理志》中有“余杭郡岁贡枇杷”的记载；宋代苏东坡在杭州做刺史时，北宋著名诗僧惠洪在《冷斋夜话》中有这样一段记载：东坡诗曰“客来茶罢空无有，卢橘杨梅尚带酸”，张嘉甫曰：“卢橘何果类？”答曰：“枇杷是矣”。这从一个侧面说明宋代杭州一带盛产枇杷，并将它作为招待客人的佳果。明代李时珍的《本草纲目》中也有“塘栖枇杷胜于他乡，白为上，黄次之”的说法。清代康熙《栖里景物略》中亦有提及；乾隆三十年（1765年）出版的《栖乘类编》卷十四《纪事·纪物产》载：塘镇南丁山湖畔各村落“土性又宜果，如枇杷、蜜橘、桃、梅、甘蔗最著也。培植极工，旁无杂树，一亩之林，值可百金。枇杷有红、白两种，白为上，红次之，红者核大肉薄，甜而不鲜；白者核细肉腴，甜而鲜美”。清代《光绪志》中对塘栖盛产的枇杷如此记载：“四五月时，金弹累累，各村皆是，筠筐千百，远返苏沪，岭南荔枝无以过之”

图1-1　枇杷满枝

图1-2　《中国果树志》

（图1-3）。民国时期《杭县志稿》中更有详尽记述："塘栖为杭州之首镇，土地肥沃，物产丰富，凡镇周围三十里内皆为枇杷产地。有塘栖专产而他处不及者记之，以见生植之美"。1933年出版的《中国实业志·浙江省》载："浙江枇杷，以杭县之塘栖为最有名，产量亦最丰，……塘栖枇杷，不但形体巨大，汁水亦多，为他乡所不及，故其价亦高"。

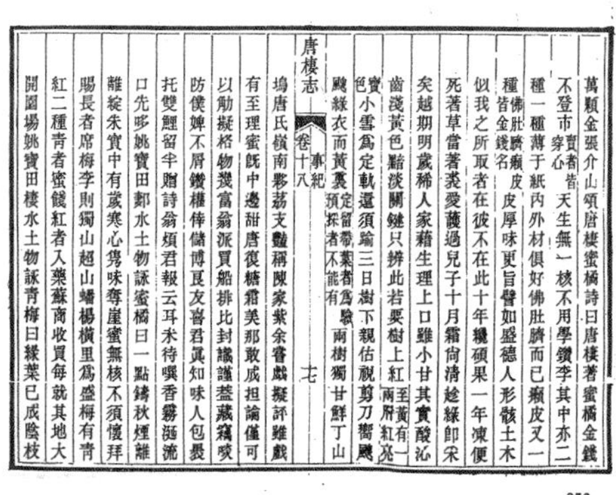
唐棲物產與會垣同郡志詳矣其有爲唐棲專產而
他處不及者紀之以見生植之美唐棲田少遍地宜
桑春夏間一片綠雲幾無隙地剪聳梯影無村不然
出絲之多甲於一邑爲生植大宗而土性又宜果若
枇杷蜜橘桃梅甘蔗最著也培植極工旁無雜樹一
畝之地值可百金枇杷有紅白二種白爲上紅次之
紅者核大肉薄甜而不鮮白者核細肉腴甜而鮮美
俗名白沙又名洞庭白種出洞庭 四五月時金彈纍纍各村皆是筠
筐千百遠販蘇滬嶺南荔支無以過之矣周天度丁
山湖詩刳船雙槳似蜻蜓曲渚迴汀互渺冥別有好

唐棲志 卷十八 事紀 六

山遮一角樹陰濃罩枇杷青 自注云鎭洋以東多果樹惟枇杷冬夏不凋
姚寶田湘郭水土物詠枇杷詩曰蠟家好兄弟白者
人儕莨珍逾白玉白勝他黃金黃子重墮枝頭山雨
聲浪浪橘則有金錢佛肚臍等名譚吉璁鴛鴦湖櫂
歌曰秋來蜜橘自塘棲露冷微霜鳥夜啼擔至南亭
香未改勝傳柑子鳳樓西 杭州塘西與石門接壤產蜜橘粗皮而小無核味甘
楊汝榎頌唐棲蜜橘詩曰衢州紅熟皮嫌厚閩縣黃
柑味欠鮮何似唐棲霜後橘佛臍藏蜜剖金錢 嶺產蜜橘
名佛肚臍名金錢者最佳 卓九如咏桔林霜飽詩曰九月清霜逗
滿林捱過小雪嫩黃深栖溪較比荆溪好手摘如錢

萬顆金張介山頌唐棲蜜橘詩曰唐棲著蜜橘金錢
不登市 賈者皆穿心 天生無一核不用學鑽李其中亦二
種一種薄于紙內外材俱好佛肚臍而已癩皮又一
種 佛肚臍癩皮皆金錢名 皮厚味更旨譬如盛德人形骸土木
似我之所取者在彼不在此十年纔碩果一年凍便
死著草當著莪愛護過兒子十月霜尚清趁綠即采
矣越期明歲稀人家藉生理上口雖小甘其實酸沁
齒淺黃色黯淡關鍵只辨此若要樹上紅 至黃有一兩月紅亮色
實小雪爲定軌還須踰三日樹下親估視剪刀嚮颭
颭綠衣而黃裏 定留帶葉者爲驗預採者不能有 兩樹獨甘鮮丁山

唐棲志 卷十八 事紀 七

塢唐氏嶺南彬荔支豔稱陳家紫余嘗戲擬評雖戲
有至理蜜既中邊甜唐復糖霜美那敢成担論僅可
以勛擬格物幾富翁派買船排比封識謹蓋藏竊哎
防僕婢不屑鑽權倖儲博艮友嘗君眞知味人包裹
托雙鯉留半贈詩翁煩君報云耳未待嗅香霧涎流
口先哆姚寶田郭水土物詠蜜橘曰一點鑄秋煙離
離綻朱實中有歲寒心雋味奪崖蜜無核不須懷拜
賜長者席梅李則獨山超山塘楊橫里爲盛梅有青
紅二種青者蜜餞紅者入藥蘇商收買每就其地大
開園場姚寶田棲水土物詠青梅曰綠葉已成陰枝

258

图1-3　清代《光绪志》

1967年5月，日本派人来中国，要求我国农业部给他们提供枇杷的接穗，指名要塘栖大红袍枇杷接穗和塘栖软条白沙枇杷的接穗。农业部只同意提供大红袍枇杷接穗2个，明确告知软条白沙枇杷接穗是不能出口的。并特派武汉大学某教授陪同来塘栖镇塘南龙船坞村采集接穗。当时，来的日本人不死心，暗地里想用重金向农民私下购买软条白沙枇杷接穗，但没有成功。20世纪90年代，有日本专家来塘栖，偷偷剪了塘栖枇杷软条白沙的枝叶，企图偷回日本嫁接，结果在海关被查获。故珍贵的软条白沙枇杷始终未在日本落户。

塘栖枇杷历史悠久，文化灿烂，为历代文人吟诵，其果肉柔软多汁，酸甜适度，味道鲜美，确是"果中之皇"。现塘栖枇杷种植面积约2.5万亩（1亩≈667平方米，全书同）。

第二节　塘栖枇杷的实用价值

枇杷秋日养蕾，冬日开花，春来结籽，夏初成熟，承四时之雨露，为"果中独备四时之气者”。枇杷果肉柔软多汁、甜酸适口、营养丰富。白沙品种富含类黄酮、多酚、氨基酸（特别是谷氨酸），红沙品种富含类胡萝卜素。据中国医学科学院营养系分析，枇杷果实可食部分每100 g含蛋白质0.4 g、脂肪0.1 g、碳水化合物7 g、粗纤维0.8 g、灰分0.5 g、钙22 mg、磷32 mg、铁0.3 mg、维生素C 3 mg、类胡萝卜素1.33 mg，其中钙、磷及胡萝卜素显著高于其他常见水果，并含有人体所必需的8种氨基酸。枇杷成熟早，是初夏水果淡季中的优良水果，还有加工的果酒、果酱、果汁、果膏等。枇杷果实有较强的抗氧化能力，多吃枇杷有益健康。

枇杷秋冬开花，香浓蜜多，是优良的蜜源植物；木质红棕色、硬、重、坚韧而细腻，是制作木梳、手杖和农具柄的良好材料。

枇杷浑身都是宝，它的叶、花以及果肉、果核、果皮、果梗均可入药，具有清热润肺、止咳化痰、健胃利尿等功效。花可治痛风，果实有止渴下气、利肺气、止吐逆、润五脏的功效，根可治虚劳久咳、关节疼痛，树白皮可止吐。枇杷最重要的药用部分是叶，枇杷叶中主要成分为橙花叔醇和金合欢醇的挥发油类及有机酸、苦杏仁苷和B族维生素等多种药用成分，具有清肺和胃、降气化痰的功效。

第三节 塘栖枇杷地理条件

塘栖枇杷农产品地理标志保护范围为浙江省杭州市临平区、余杭区所辖3个镇街，即临平区塘栖镇27个行政村，崇贤街道9个行政村和余杭区仁和街道13个行政村。其地理坐标为东经120°09′02″～120°16′06″，北纬30°25′01″～30°31′02″。主要产区西起仁和街道奉口村界，东至塘栖镇孤林村界，南起崇贤街道向阳村界，北至塘栖镇邵家坝村界（图1-4）。主要集中在塘栖镇、崇贤街道和仁和街道，现主要产区在塘栖的李家桥、姚家埭、邵家坝、塘北等村。塘栖枇杷种植面积稳定在约2.5万亩，年产量约8 000 t，产值约1.5亿元。其中，临平区塘栖枇杷种植面积约2.0万亩。塘栖地处大运河旁，地势低平，河流成网，塘漾棋布，属著名的杭嘉湖水网平原，鱼米之乡、花果之地，平均海拔3.2 m。气候属亚热带北缘季风气候，温暖湿润，四季分明，有充沛的雨量与光照条件。上半年雨热同步，有利于枇杷果实生长发育；下半年温光互补，有利于树体养分积累和花芽分化。种植土壤以青粉泥田和青紫泥田为主，土层深厚肥沃，疏松透气，含钾量高，微酸性黏壤土，适宜塘栖枇杷生长。且当地果农有丰富的栽培经验，通过“筑墩栽植、巧施羊肥、冬覆尺泥、精细疏果”四大方法，调节枇杷生长，减少养分消耗，促使果实大小均匀。独特的地理环境和独特的栽培技术孕育了品质优异、口味鲜美的塘栖枇杷。因此，塘栖枇杷当之无愧成为大运河杭州段流域的著名土特产之一。

图1-4　塘栖枇杷农产品地理标志保护范围

第四节　塘栖枇杷取得的荣誉

塘栖枇杷于1963年5月在北京首届全国农业展览会上展示；在1980年全国首届枇杷品种评比中荣获鲜食、制罐两项第一名；1999年10月注册“塘栖”牌商标，同年获杭州市优质农产品展销会金奖；2001年荣获中国浙江国际农博会银奖；2001年11月浙江省杭州市林业水利局命名塘栖镇为“浙江枇杷之乡”；2004年5月国家质量监督检验检疫总局宣布塘栖枇杷获“原产地域产品保护”；2005年获浙江省名牌产品和杭州市著名商标称号，同年11月名列余杭区公众喜爱的十大商标之一；2006年塘栖枇杷被评为国家地理标志产品（GB/T 19908—2005）；2007年3月被评为浙江省著名商标；2008年3月国家知识产权局商标局正式核准“塘栖枇杷”商标的注册；2011年5月塘栖镇被命名为“中国枇杷之乡”；2012年12月“塘栖枇杷”注册商标被国家工商行政管理总局商标局认定为中国驰名商标；2016年3月“塘栖枇杷”成功获得农业部农产品地理标志登记证书；2021年获“中国枇杷蜜之乡”；2022年浙江省农业之最枇杷擂台赛白沙枇杷包揽可溶性固形物和综合品质两项一等奖，红沙枇杷获可溶性固形物一等奖和综合品质二等奖，同年塘栖枇杷种植系统列入首批“浙江省重要农业文化遗产资源”名单。在2023年浙江省精品枇杷评比中我区软条白沙和硬条白沙枇杷均获金奖。2023年6月塘栖枇杷被列入浙江省首批名优“土特产”百品榜名单（图1-5至图1-9）。

图1-5　驰名商标

图1-6　地理标志保护产品

图1-7　白沙枇杷获可溶性固形物一等奖

图1-8　白沙枇杷获综合品质一等奖

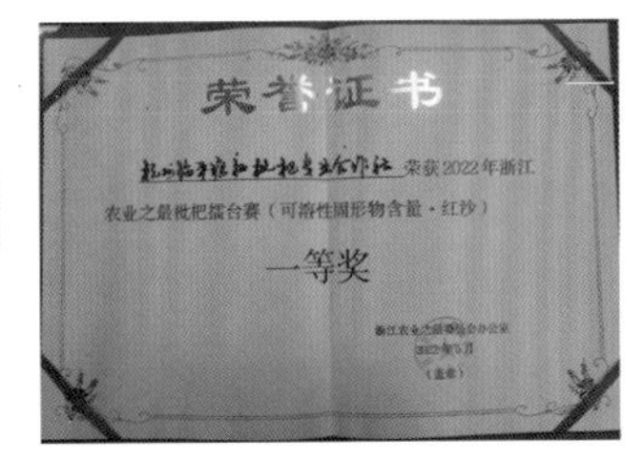

图1-9　红沙枇杷获可溶性固形物一等奖

第五节　塘栖枇杷的品种特性

悠久的枇杷种植历史衍生出了丰富的塘栖枇杷品种资源。塘栖枇杷中的软条白沙则是枇杷中的极品，其他如大红袍、宝珠、夹脚、杨墩等品种都是国内知名的枇杷名种。长期以来，塘栖枇杷的名声吸引了众多其他枇杷产区的果农前来塘栖引种。国内不少枇杷产区初时皆引种于塘栖，为此素有“天下枇杷出塘栖”之称。据调查，塘栖枇杷本地品种有19个，其中白沙有软条白沙、大叶软条白沙、硬条白沙、五儿白沙、塘科白肉5个品种；红沙有平头大红袍、大玫瑰红袍、塘栖迟红、宝珠、夹脚种、大叶杨墩、红毛大叶杨墩、细叶杨墩、六分种、五儿种、白毛五儿、头早、二早、青碧种14个品种；引进新品种2个，为迎霜与迎雪。

（一）白沙品种

1. 软条白沙

又名软吊白沙。风味卓绝，系我国最优良的枇杷品种之一。软条白沙树冠呈高圆锥形，中心干明显，枝细而软，树势中庸。叶小色淡，呈广倒披针形，先端锐尖，嫩叶上端似“兔耳状”，叶肉薄而平展，仅叶缘处微卷，锯齿浅，叶脉间平正，毛茸短，色淡。果实大小中等，形圆，顶端平广，基部稍狭，平均纵径3.79 cm，平均横径3.78 cm，呈圆形或略高圆形，平均单果重28.4 g。果梗细织而软，不易折断。萼孔开张，萼片分裂，萼筒呈圆筒形。果面呈淡黄色，斑点呈淡紫色或淡褐色，集于阳面，毛茸短密，果粉薄。果皮极薄易剥落，剥皮后自然卷起（图1-10）。果肉厚薄中等，色洁白，组织细腻而易溶解；汁液甚丰，风味甘酸适口，极为鲜美，含可溶性固形物17%左右。种子平均4粒，重4.5 g左右，长圆形、嘴部细小，成点状，表面浓赭红色，稍粗糙，白斑少，形亦小，品质极上。熟期适中，5月中下旬采收，多雨易裂果，不耐贮藏。

图1-10 软条白沙

2. 大叶软条白沙

树冠呈圆头形，枝较粗。叶大色青绿，呈卵圆披针形。果中大，略呈高圆形，平均单果重29.7 g。果面呈黄白色，果皮较薄，易剥。果肉乳白色，嫩糯，汁丰，极鲜甜，含可溶性固形物14%～17%。5月下旬成熟（图1-11）。

图1-11　大叶软条白沙

3. 硬条白沙

又名硬吊白沙。树冠呈圆头形，树势中庸。叶大小中等，呈广披针形，叶肉厚，毛茸长而密，锯齿浅。果实大小中等，形圆而稍歪斜；平均纵径4.26 cm，平均横径4.16 cm，平均单果重25.6 g。果梗粗长。萼孔开张，萼片中等，萼筒呈圆筒形。果面呈淡黄色，斑点粗密，毛茸疏生，果粉薄，果皮中等，组织强韧，剥落性适中。果肉呈淡黄白色，质地较粗，汁丰，味甜而偏酸，含可溶性固形物13%～14%。种子平均1粒，重约6.6 g，大小中等，广卵形，嘴部突起小，偏右，表面赭褐色，稍粗糙，白斑少而形大。5月中下旬成熟（图1-12）。

图1-12　硬条白沙

4. 五儿白沙

又名杨墩白沙，树冠呈高圆头形。枝节间较短。叶小而薄。果实大小中等，呈倒卵形乃至椭圆形，顶端钝圆，基部尖圆，平均纵径4.47 cm，平均横径3.86 cm，平均单果重38.5 g。果梗粗长，毛茸短密。萼孔半开，萼筒呈圆筒形。果面呈麦秆黄乃至淡黄色，多浓橙色斑点，点粗疏生，果粉厚。果皮厚，难剥落。果肉厚，重约30.8 g，占全果重80%，肉色黄白，组织粗硬，汁液多，风味甘多酸少，含可溶性固形物13%～15%。种子平均2～3粒，形稍大，呈广卵形，嘴部尖起，约重3.9 g，表面赭褐色，白斑少，着生于背面的多在基套部上，腹面则分布不定。基套大小中等，色不显著，品质上等。5月下旬至6月上旬成熟（图1-13）。

图1-13　五儿白沙

5. 塘科白肉

树冠呈高圆头形。枝粗壮。叶中等大小，呈倒披针形。果大，平均单果重43.3 g，呈高圆形。果面呈淡黄白色，果皮较薄，易剥。果肉呈微黄乳白色，质地细，汁丰味甜，含可溶性固形物15%左右。6月上旬成熟（图1-14）。

图1-14　塘科白肉

（二）红沙品种

1. 平头大红袍

又称红种，是塘栖最主要的栽培品种之一。树势强健，分枝呈45°斜生，形成圆锥状树冠。叶较小呈长椭圆状倒披针形，缘边平，锯齿浅而不明，叶肉厚，色较淡，叶脉间平正。果大，形圆，果基部稍尖锐。平均纵径4.01 cm，平均横径4.07 cm，平均单果重36 g。果梗粗短，毛茸密，阴阳面色泽浓淡差异显著。果顶平广，萼孔开张，呈端正的“五角星”状。果面呈橙红色，有细形白斑，或有紫色斑点。毛茸疏而长，果粉薄。果皮厚而强韧，剥落易。果肉厚，橙红色，约重27.5 g，占全果重72.82%，组织稍粗硬；汁液中等，风味甘多酸少，含可溶性固形物14%左右。种子平均3粒，约重5.38 g，大小中等，呈广卵形，嘴部微突起，表面平滑，无白斑，基套大而明显。成熟期适中，5月下旬（小满前后）采收（图1-15）。

图1-15　平头大红袍

本品种树势强健，丰产，果形大而圆整，色浓外观美丽，果肉组织强韧，耐贮藏运输，因此农民乐于栽培，成为塘栖最主要的经济栽培品种之一。

2. 大玫瑰红袍

树冠呈高圆头形。枝粗壮。叶中大，呈披针形（秋梢）和平头形（春梢）。果大，平均单果重48.6 g，呈高圆形。果面呈橙红色，果顶平广，萼孔开张，呈端正的“五角星”状。果皮中厚而韧，易剥。果肉呈橙红色，组织致密，味鲜甜，含可溶性固形物14%左右。5月下旬至6月上旬成熟（图1-16）。

图1-16　大玫瑰红袍

3. 塘栖迟红

树冠呈矮圆头形。分枝角较大，枝较粗。叶中大，深绿，叶面平展，呈卵圆倒披针形。果中大，平均单果重32.9 g，近圆形。果面呈淡橙红色，果皮较厚而韧，易剥。果肉呈橙红色，肉质致密，汁液中等，味浓而甜酸适口，含可溶性固形物14%左右。6月上旬成熟（图1-17）。

图1-17　塘栖迟红

4. 宝珠

长势旺，树干以砧、穗接合处为界，上粗下细，形成“小脚”状。树冠呈高杯状。分枝角小。叶大小中等，呈狭长椭圆形，先端锐，基部尖锐；锯齿阔大，深浅中等；叶脉间萎缩。果实大小中等，呈椭圆形乃至广倒卵形，先端平而阔，基部微尖锐；平均纵径3.96 cm，平均横径3.46 cm，平均单果重19 g。果梗粗长，毛茸短，萼孔半开，萼片大小中等，萼筒呈圆筒形。果面呈淡橙红色，斑点稀疏，毛茸长密，黄褐色，白粉中庸。果皮中厚，易剥。果肉呈橙红色，质地稍粗，汁多，味甘酸少，含可溶性固形物13%～14%。种子平均1.13粒，重约1.77 g，大小中等，长圆形；表面光滑，呈淡赭红色，里背面布满较大形的白斑；基套小而不明显。品质上等。熟期早，5月上中旬采收。收量中等，通常每株可收2担（1担=50千克，下同），且能年年结果。果实耐贮藏，熟后可留树上15～20天不变质腐败；采收后贮于阴凉室内，也可贮藏半月许。

本品种在塘栖概称为野种，在杭州市场又称红毛蛋，系实生变异品种。浙江农业大学于1930年在塘栖西界河夏家埭夏宝芝枇杷园最初发现，为避免与一般实生树区别，定名宝珠，以纪念夏宝芝同志（图1-18）。

图1-18　宝珠

5. 夹脚种

树势强健，树姿直立，树冠呈高杯状，分枝角小。叶大，平均长27.2 cm，阔9.55 cm，呈广倒披针形，叶柄粗短，叶肉厚，色浓，毛茸适中，锯齿深而大，叶脉间微皱。果大，呈歪倒卵形，平均纵径4.48 cm，平均横径3.86 cm，平均单果重34.1 g。果梗粗长，概向一方弯曲。果顶平广，但多歪斜，基部微尖；萼孔锁闭，萼片呈小三角形，萼筒呈四边形。果皮厚薄中等，剥落容易，皮呈麦秆黄色。果肉厚薄中等，果心大，心皮厚；汁多，味甘少酸多，含可溶性固形物12%左右。种子平均1.6粒，形大，呈四棱状广卵形，面粗糙，嘴部突起显著，无斑点，基套色淡，大而显著，品质中。5月下旬至6月上旬成熟（图1-19）。

图1-19　夹脚种

本品种的显著特征为树冠直立呈尖塔状，枝杈狭窄。不堪踏脚，故名。果梗弯曲下垂，果形长而大，特别歪斜，容易区别。

6. 大叶杨墩

树冠呈“金字塔”形，树势强健。叶呈长椭圆形，边缘平正，锯齿甚大而深，叶肉薄，色泽中等，毛茸短密，叶脉间皱缩。果大，呈倒卵形，顶端平广，基部尖锐。平均纵径4.01 cm，平均横径3.6 cm，平均单果重32 g。果梗粗硬，毛茸短密。萼孔闭合，萼片中等，萼筒呈钟形。果面呈橙黄色，果点粗而疏生，毛茸长而疏生，果粉薄。果皮厚，剥落易。果肉稍薄，重约24.7 g，色橙黄，质细，汁液中等，风味甘酸均淡，含可溶性固形物12%～13%。种子平均3.25粒，大小中等，呈长卵形，表面稍粗糙，赭褐色，有细形白斑，基套中庸。品质中。5月下旬成熟采收（图1-20）。

图1-20　大叶杨墩

7. 红毛大叶杨墩

树冠呈“金字塔”形。枝粗叶茂。叶大，呈长椭圆形。果较大，平均单果重34 g。果面呈橙黄色，毛茸呈橙红色。果皮较厚，易剥。果肉呈橙黄色，质地较粗，汁液中等，甜酸适口，含可溶性固形物13%左右。5月下旬成熟（图1-21）。

图1-21　红毛大叶杨墩

8. 细叶杨墩

树势中等，树冠呈圆锥形。叶甚小，呈椭圆状倒卵形，两端锐尖，边缘平正，锯齿深；叶肉薄，色淡，毛茸中等，叶脉间平正。果实小，呈球形或广卵形，顶端平广，基部圆。平均纵径3.22 cm，平均横径3.28 cm。平均单果重23.8 g。果梗细长，毛茸稀疏。萼孔开张，萼片大小中等，先端翘起，萼筒呈四方形。果面呈橙黄色，果点细密，毛茸疏而短，果粉适中。果皮厚薄中庸，剥落易。果肉稍薄，重约15.28 g，占全果重74.0%；果肉呈橙黄色，质地细，汁液中等，甜酸适口，含可溶性固形物13%左右。种子平均2粒，形小，圆形，表面光滑，赭红色，白斑全无，基套大而明显。品质中上等。5月下旬至6月上旬成熟，产量中等（图1-22）。

图1-22　细叶杨墩

9. 六分种

又名牛奶种。树势中等，树冠呈高圆头形，树姿平展。叶大中等，呈倒披针形，先端钝，叶肉厚，锯齿浅而不明，毛茸长而密，叶脉间微皱。果大，呈倒卵形，平均纵径4.38 cm，平均横径3.70 cm，平均单果重29 g；果皮呈橙黄色，薄而易剥；果肉亦呈橙黄色，组织细密，汁多，甘酸适度，风味佳良，堪称上品，含可溶性固形物11%～12%。种子每果粒数3～5粒，重约4.46 g，形大，呈圆锥形，表面粗糙，呈浓赭褐色，嘴部稍尖起，背面及里面靠近基套部均有明显斑点。5月下旬成熟（图1-23）。

图1-23　六分种

10. 五儿种

又名红毛五儿。树势强健，枝条挺直，果穗概显露于树冠外面。叶大小中等，呈长椭状广披针形，先端钝，基部稍尖，锯齿深而尖锐，叶肉厚，色泽中等，毛茸长短疏密适中，色白，叶脉间皱缩。果穗大，果梗短而粗，各果着生紧密，普通每穗5～6果，大的每穗有13果。果大小中等，呈歪广倒卵形，顶部广而微斜歪，基部微锐，果形不整齐，平均纵径4.27 cm，平均横径3.65 cm，平均单果重21 g，果呈椭圆形；果面呈淡橙黄色。果皮较厚，不易剥离。果肉呈橙黄色，汁液中等，味偏酸，含可溶性固形物12%左右。品质中下。6月上旬成熟，产量丰，每株产量可达125千克，无隔年结果习性（图1-24）。

图1-24　五儿种

11. 白毛五儿

树冠呈圆头形。分枝角较小，节间较短。叶小，浓暗绿色，呈长披针形。果小，平均单果重21 g，呈椭圆形。果面呈淡橙黄色，毛茸白色。果皮较厚，不易剥离。果肉呈橙黄色，汁液中等，味偏酸，含可溶性固形物12%左右。6月上旬成熟（图1-25）。

图1-25　白毛五儿

12. 头早

树势强健，树冠呈圆头形。叶大肉厚，呈微歪长椭圆形，锯齿大，深浅中等，叶脉间平。果小，呈倒卵形，平均纵径4.10 cm，平均横径4.15 cm。平均单果重24 g，含可溶性固形物11%～12%。果梗细长，果顶平；果皮呈橙黄色，厚薄中等，毛茸短而密，果肉薄呈橙黄色，果汁不多，味淡。种子平均2粒，形小，重约1.54 g。基部呈赭红色，表面多云朵状斑纹，品质下等。其优点是成熟早，5月上中旬就可充分成熟；其缺点为果小、味淡、品质不佳（图1-26）。

图1-26　头早

13. 二早

树冠呈圆头形。叶大极茂盛，呈长椭圆形，先端钝尖，质厚，锯齿大而深，花茸长而密，叶脉间平。果小，长椭圆形，平均纵径3.89 cm，平均横径3.60 cm，平均单果重23.1 g，果梗短而粗；果皮呈橙黄色；果肉厚呈橙黄色，汁多，味稍酸，含可溶固形物12%左右。种子2粒，重约3.20 g，形大，呈扁圆形，基部钝尖，色淡没有斑纹。品质中下等。本品种熟期早，但较头早迟8~9天，5月中旬成熟。风味较头早虽佳，但仍嫌过酸。树势不强，产量少也是缺点（图1-27）。

图1-27　二早

14. 青碧种

树势强健，树冠呈高圆头形。枝条粗，开张角度大。叶大中等，呈倒披针状椭圆形，先端大多呈圆形，少数尖锐，基部尖锐，叶肉厚，色浓，锯齿阔而不深，毛茸长而密，叶脉间皱缩。果实大小中等，呈广倒卵形乃至圆锥形，顶端钝圆，基部微尖，各果整齐。平均纵径3.88 cm，平均横径3.66 cm，平均单果重29 g。果梗粗硬，毛茸长而密。萼孔半开半闭，萼片狭长，先端内屈，萼筒呈四方形。果面呈橙黄且带青色，斑点粗密，向阳面特多，毛茸多，果粉厚。果皮厚，组织强韧，剥落难。果肉厚呈橙黄色，质粗硬，汁液多，风味甘少酸多，含可溶性固形物12%左右，果心大，心皮厚。种子稍大，呈四棱广卵形，嘴部突起显著，表面甚粗糙，呈浓赭褐色，基套大，无斑点。品质中等。熟期晚，6月上中旬采收，产量多，有隔年结果习性（图1-28）。

图1-28　青碧种

（三）引进新品种

1. 迎霜

白肉品种。花期较硬条白沙迟20～25天，盛花期在12月中下旬，5月上中旬成熟，较硬条白沙早5天。露地花期迟，头花果、二花果、三花果的成活率较高，果实栓皮率、裂果率较低，抗逆性好。平均单果重35.08 g，果肉细嫩多汁，风味浓，含可溶性固形物15.6%，可食率75.21%，优质果率达90%以上（图1-29）。

图1-29　迎霜

2. 迎雪

白肉品种。花期较硬条白沙迟30～40天，盛花期在12月下旬，5月下旬成熟，较硬条白沙迟7～10天。露地花期迟，头花果、二花果、三花果的成活率较高，果实栓皮率、裂果率较低，结果性能强，果实成熟期基本无裂果、日灼、皱果，抗逆性强。平均单果重34.2 g，果肉细嫩多汁，风味浓，平均含可溶性固形物14.6%，可食率高达72.1%，优质果率达90%以上（图1-30）。

图1-30　迎雪

第六节　塘栖枇杷优越的生态环境条件

1. 土壤酸碱度

枇杷对土壤酸碱度的要求不严格，pH值在5.0～8.5都能正常生长结果，而以pH值在6.0左右最为适宜。塘栖园地的pH值平均为5.9，最适宜枇杷生长。

2. 土壤质地

一般砂质或砾质的壤土和黏土都能栽培。但以土层深厚、土质疏松、含腐殖质多、保水保肥力强而又不易积水的土壤为最佳。山坡、平地均可种植，但以低坡丘陵地为佳。塘栖枇杷种植土壤以青粉泥田和青紫泥田为主，土层深厚肥沃，疏松透气；塘栖枇杷排水始终良好，这也与当地农民多年栽培习惯有关，塘栖枇杷果农栽植枇杷时，掘取苗木都带土球，为防土球散落，掘苗后常用稻草作“十字”包扎。果农根据地形、地势不同，栽植的方法不一致，一般在平地易排水之处，栽植时多不掘穴，而是将苗木放置其上，堆土于土球四周使成一土墩，以后每年冬季在各植株间掺入河泥，填充根际及各树间隙，数年后土墩填平，地

势抬高。在地势较高处，可挖穴栽植，施基肥大多数是羊粪或其他农家厩肥。2021年对塘栖宏畔村、邵家坝村、姚家埭村、塘北村、柴家坞村、超山村、李家桥村、三星村、塘栖村、莫家桥村、河西埭村11个村83个点的枇杷土壤测定，有机质含量平均21.6 g/kg，全氮平均1.78 g/kg，有效磷平均77.2 mg/kg，速效钾平均284.8 mg/kg，速效钙平均2 621 mg/kg，阳离子交换量17.74 cmol/kg。土壤质量好，这也保障了塘栖枇杷的优良品质。

3. 温度

温度是影响枇杷种植的关键因子。温度影响枇杷的生长、发育以及生理活动。其中，主要是年平均温度、生长期的积温和冬季低温。一般在年平均气温15～17℃的地区均可栽培。枇杷秋冬开花，开花坐果发生在最冷的冬季。花果易受冻害。通常花在-6℃、幼果在-3℃时开始受冻。而叶的耐寒力却远高于花果。由于冻害导致落花落果而影响产量，所以，冬季低温环境成为枇杷栽培的限制因子。一般认为冬季最低气温低于-5℃的地方，就不适宜枇杷的经济栽培。2018—2022年对塘栖枇杷区域进行了温度测定，平均17.78℃，极端气温最低是2021年、2023年的-8.1℃，最高是2022年41.7℃，年积温大约5 020℃，日照时数大约1 971 h。虽然有极端气温低于-6℃，但好在塘栖区域有星罗棋布的河港和池塘，对低温有一定的缓冲作用，加上房前屋后枇杷树也有一定的比例，因此减轻了极端气温对塘栖枇杷的危害（图1-31）。

图1-31　枇杷冻害

4. 降水

枇杷根系浅、须根少，尤喜通气性和透水性良好的土壤环境。枇杷最忌积水、也不耐旱，地下水位高时生长发育不良。枇杷园土质黏重，积水过多过久，易引起枇杷烂根落叶，甚至死亡。枇杷对土壤水分的要求，以40%～50%为宜，过高或过低均不宜。夏秋适当干旱有利于花芽分化，但旱情严重将引起树势弱、花期提早，易受冻害。2018—2022年对塘栖枇杷区域进行降水量测定，年平均降水量1 579 mm，其中，4—5月降水量246 mm，较好地满足了枇杷果实生长和抽梢对水分的需求。

5. 风

风对果树的作用是多方面的，如有利于传粉，能降低果实表面温度防止日灼。冬季风吹可减少冷空气的沉积、减轻冻害。但枇杷根系浅，不抗台风，强风可使树体受机械损伤，并造成干弯、冠偏、枝干折断，甚至整株拔起。可种植防风林预防强风。临平区春风和煦，秋风习习，又非台风重点地区，对树体损伤的概率较低。

以上土壤酸碱度、土壤质地、温度、降水、风等自然条件适合塘栖枇杷正常生长结果所需，使塘栖优于我国其他枇杷产区，为“塘栖枇杷”的优质奠定了基础。

第七节　塘栖枇杷育苗技术

（一）苗地选择

枇杷育苗地选择地下水位低、不易积水的地方，土壤以疏松肥沃的砂质壤土或砾质壤土为好。施足基肥，每亩施腐熟农家肥1 000 ~ 1 500 kg，钙镁磷肥50 ~ 100 kg，翻耕匀整。

（二）种子采集

枇杷种子没有休眠期，一般采集红沙种子，洗净播种，在每年的6—8月播种。

（三）播种

1. 直播

一般畦宽1 m，畦沟0.35 m，将畦面做成龟背形，以利于排水。畦面每隔20 ~ 30 cm开1条播种沟，沟深2 cm，在沟内每隔10 ~ 20 cm播种子一粒。用一层薄薄的细土将种子覆盖，以看不见种子为宜。畦上盖干稻草后浇透水1次。

2. 床播

一般畦宽1.3～1.5 m，畦上每隔15～20 cm开1条播种沟，在沟内每隔4～5 cm播1粒种子，播后覆土2 cm，盖一层干稻草或铺设遮阳网，浇透水10次。

（四）播后管理

1. 施肥

当幼苗长出2～3片真叶时，开始每隔半个月施一次肥，以勤施薄肥为原则，并以多元复合肥为主，浓度控制在0.2%～0.3%。

2. 间苗和移苗

当幼苗长至7 cm以上时，用小铲连根带土将过密行段中小苗和病苗移出。移栽时株行距为（20～25）cm×（25～30）cm，苗木高度达50 cm时进行摘心，以促进加粗生长。当砧木苗距土面5 cm处粗度为1 cm左右时，即可在春季嫁接。

3. 排水和浇水

枇杷苗最怕积水，应注意圃地开沟、清沟排水，遇干旱及时浇水或灌水（跑马水）。

4. 除草松土

幼苗前期生长缓慢，易生长杂草，要及时拔除杂草，苗木间土壤应浅锄松土，避免伤及根系，以利苗木健壮生长。

5. 病虫害防治

虫害主要是蛴螬、黄毛虫、蚜虫、卷叶虫等，病害有叶斑病或苗枯病等，防治应及时。

（五）嫁接

1. 准备工作

采好要嫁接品种的接穗，采用丰产期成年枇杷树的一年生半木质化枝条，嫁接时间每年3月，避开下雨天气，准备好嫁接工具即修枝剪、嫁接刀和宽度为2 cm的绑缚薄膜。

2. 切砧桩

用修枝剪将砧木在离地面10～15 cm高度的地方剪断，然后在剪口处选择比较平直的一面割一个小斜口，再在小斜口处沿着韧皮部和木质部相连的地方顺着砧木切下，长度在3 cm左右。

3. 削接穗

在接穗上选取1～2个饱满的芽，在芽下4 cm处剪去接穗的其余部分，并在芽面的垂直面剪口处切一个小口，在对面削去一层皮，深度在刚刚露出木质部为宜。

4. 插接穗

将接穗按照切面对切面的方向插在砧木上，将砧木一侧的皮和接穗一侧的皮对齐，目的是让两者的形成层能贴在一起，后期靠此形成层产生愈伤组织让砧木和接穗长在一起，所以这一步非常重要。

5. 绑薄膜

将薄膜缠绕在嫁接口上，一方面用于绑住接穗，防止接穗松动错位；另一方面可以防止切口处水分散失，提高成活率（图1-32）。

图1-32　枇杷嫁接苗

（六）嫁接苗的培育

嫁接后20～30天检查嫁接苗的成活率，未成活的应及时补接，阻碍接芽萌发的塑料膜应及时挑破，及时抹除砧木上萌发的芽。嫁接苗生长期（3—10月）每月施一次薄肥，并及时排水、抗旱、防病治虫、中耕除草。7月上旬至8月底遮盖遮阳网。

（七）苗木出圃

起苗时间为2月中旬至3月中旬、10月中旬至11月上旬，起苗尽量保持根系并带土，保持根系湿润。不带土起苗则需适当剪叶（图1-33）。

图1-33　嫁接一年枇杷苗

第八节 高接换种

在春季2月下旬至3月上旬，枇杷树发芽时高接，高接部位应高低搭配、内外结合。在主枝、副主枝及大的侧枝上高接。嫁接口粗度以2 ~ 4 cm为宜。可分两年完成，第一年进行上部和外部壮枝高接，第二年完成留下的枝条高接。

一、采集接穗

接穗去掉叶片、保留叶柄，注意保湿（可用塑料布包扎，但要注意透气）。

二、准备高接工具

高接工具有：嫁接刀、剪刀、手锯、绑扎用尼龙条（长30 cm、宽1.2 ~ 1.5 cm，如砧木接口粗还应准备宽4 ~ 5 cm，长7 ~ 8 cm的尼龙方块）、擦脏物的抹布、保湿毛巾。

三、切接法高接

1. 剪砧桩

即将树冠内选定的各大主枝及中心枝剪（锯）去头，形成砧桩。

2. 切砧桩

在砧桩横断面皮层处，用嫁接刀纵切一刀，以刚达木质部为宜，并挑起皮层去掉1/2。

3. 削接穗

选择芽眼饱满的接穗，在芽的下段以45°角削断，翻转接穗再削一刀，削口长3 cm左右，以刚削出形成层为宜。

4. 高接

将剪下的接穗立即插入砧桩嫁接开口内，并对准其一边的形成层，用一根宽约3 cm的薄膜条自下而上逐圈捆紧接芽，使其与砧木贴紧，有利于伤面愈合。同时用薄膜袋将砧桩切口和接芽套住，以免失水干枯，影响成活（图1-34）。

5. 高接后管理

（1）破膜下桩。嫁接后1个月左右进行检查，发现成活及时去除尼龙条，使芽梢顺利萌发。

（2）除萌。除去多余的萌芽。

（3）捆扶。高接芽易受风吹而折断，应用竹棒或树枝捆扶。

（4）护干。扎草、涂白防日灼。

图1-34　枇杷高接换种

（5）施肥促梢。在接芽抽发春梢、夏梢和秋梢前，各施一次促梢肥，每株施商品有机肥3～5 kg或用厩肥30～40 kg，加尿素0.2～0.3 kg拌施。并根外追肥4～5次，促进枝梢生长。

（6）防治病虫害。在嫁接成活后各次新梢抽发期，适时用50%甲基托布津或65%代森锌500～600倍液，加入0.5%溴氰菊酯1 500倍液等混合药液防治枇杷叶斑病、炭疽病和蚜虫、毛虫、梨小食心虫等病虫害，确保枝梢的正常生长。

第九节　塘栖枇杷栽培技术

一、园地选择

平地建园特别注意降低地下水位，搞好排灌水利系统。在低洼平地要采用深沟高畦或筑墩种植，畦宽4～5 m，畦高40～50 cm，筑墩面宽1～1.2 m，墩高40～50 cm。道路两旁建总排灌水沟，深宽各1 m；畦间隔行挖深60～80 cm、宽度30～40 cm的支排灌水沟；行间挖深宽各40 cm的小排灌水沟。

二、定植

1. 定植时间

枇杷春植时间在2月下旬至3月上旬，一般在新梢发生前定植。

2. 定植方法

定植穴一般在上一年10月准备好，底层放入秸秆、杂草、绿肥，撒上石灰，回填10～20 cm表土，每穴放有机肥50 kg，最后用土筑高40 cm，面积约1 m^2的定植墩。种时在离嫁接口上25 cm处短截，以利重新培养主枝。扶正苗木、舒展根系、盖上细土，压紧、浇水，在树盘周围盖上干稻草。

3. 栽植密度

大红袍、软条白沙、塘栖迟红、大叶杨墩等开张树形品种，株距4.5 m，行距5 m，每亩栽植30株；宝珠、夹脚等直立树形品种株距4 m，行距4.5 m，每亩栽植37株。

三、土肥水管理

（一）土壤管理

深翻扩穴，增施有机肥改土。每年深翻扩穴一次，4～5年达到全园深翻一遍。水网平原要每年挑培客土扩墩；夏季园地实施生草栽培或割草覆盖在根盘，以防高温；果园土壤pH值小于5时，酌情增施石灰改土。

（二）施肥

根据土壤地力确定施肥量。多施有机肥，实行氮、磷、钾肥配方施用。

1. 结果树常规施肥

（1）基肥。在上年9—10月，施商品有机肥15～20 kg/株和40%复合肥（20-8-12）0.8 kg/株。

（2）春肥。在2月底至3月上旬，施40%高钾复合肥（12-8-20）1.0 kg/株。

（3）壮果肥。壮果肥（4月中旬）可施可不施，视树势而定。长势差的可喷施0.3%磷酸二氢钾和0.3%尿素2～3次。

（4）采后肥。在5月底至6月上中旬，施40%高氮复合肥（20-8-12）1 kg/株。

2. 结果树水肥一体化施肥

（1）基肥。与常规施肥同。

（2）春肥。在2月底至3月上旬，施高钾型水溶肥2次，每次用量为水溶肥（9-6-15+Te）10 kg/亩（Fe指肥料中含微量元素，下同），或水溶肥（20-10-30+Te）5 kg/亩。

（3）壮果肥。在采前30天左右，施高钾型水溶肥2次，每次用量为水溶肥（9-6-15+Te）5 kg/亩，或每次水溶肥（20-10-30+Te）2.5 kg/亩。

（4）采后肥。在5月底至6月上中旬，施高氮型水溶肥2次，每次用量为水溶肥（15-6-9+Te）5 kg/亩，或水溶肥（30-10-10+Te）3 kg/亩。

3. 幼龄树施肥

2—10月隔月施肥1次。每次每株施40%高氮复合肥（20-8-12）0.25 kg；10月至翌年2月施冬肥一次，每株施商品有机肥4～8 kg或厩肥10～20 kg。

（三）水分管理

果实迅速膨大期和采果后7—8月高温干旱季节要及时灌水或喷水，灌水后及时松土，覆草抗旱。4月底至7月初在树下铺草保湿降温。春雨和梅雨季节要注意果园积水，要利用沟渠及时排水。

第十节　塘栖枇杷整形修剪技术

（一）幼龄树整形修剪

依不同品种特性，将幼树培育成主干分层形、双层杯状形或多层主干形。一年生嫁接苗定植后，在主干高度50～60 cm的范围内，选择角度合适、生长健壮的3～4枝作为第一层主枝，及早除去无用萌芽。以后3年根据树形要求继续培养主枝和侧枝，必要时拉枝直至树形基本形成。详见表1-1及图1-35至图1-37。

表1-1　枇杷常见树形

树形	适栽品种	结构特点
主干分层形	夹脚	树高小于4.0 m，干高50～60 cm，5～6层主枝群，各层留3～4个主枝，上下两层不要重叠

（续表）

树形	适栽品种	结构特点
双层杯状形	大红袍、塘栖迟红	树高3.5 m，干高50～60 cm，第一层主枝留枝3个，其上1.0～1.5 m处留2～3个枝为第二层主枝，上下层不重叠
多层主干形	宝珠、软条白沙	树高4.0 m，离地面30～60 cm，配置第一层主枝，随主干的延伸每年间隔30～45 cm留主枝1个，共留4～5层，从第5～6层处截断主干

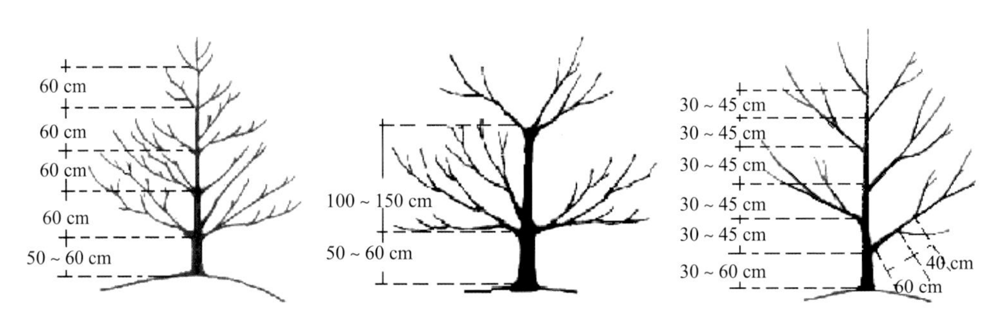

图1-35　主干分层形树形　　图1-36　双层杯状形树形　　图1-37　多层主干形树形

（二）成龄树整形修剪

春剪在3月下旬至4月上旬定果前进行，剪除少量衰弱结果枝；夏剪于6月采果后适当疏去部分过密枝，对部分多年生弯曲、细弱枝进行短截回缩；秋剪于10月现花蕾初花期，剪除过密结果母枝、生长不充实侧生结果母枝。一般每次的剪除枝量控制在总枝量的10%～20%。

（三）衰老树的更新修剪

对于树龄大或树势弱的树需进行更新修剪，时间宜在2—3月春梢发生前，以利萌发新梢。春剪剪除多余枝梢，在适当的角度及树枝方位选择2～4年生枝进行更新短截修剪，及时抹芽，并防日灼。秋剪剪除过密及细弱枝。每次修剪量不超过全树的1/3。疏除交叉枝、病虫枝、细弱枝，留下直立枝、强壮枝、中下部枝。

修剪可促进枝梢生长，使花芽分化与开花推迟而不受冻害，还能使发根量增加，果实增大。

第十一节　塘栖枇杷的花果管理

一、枇杷疏穗

疏穗于10—11月进行，疏穗时间在花穗用肉眼即能分辨时进行。主轴、支轴、花蕾正处在生长发育期为最好，即在花穗刚抽出，小花梗尚未分离时为最佳时间，这时疏穗能节省养分。

在不易出现冻害的地区，一般将一个母枝上有2～3个花穗的疏去1穗，有4～5个花穗的疏去2穗，大果种有5穗的可疏去3穗；树冠上部疏去1/2，上中部疏去1/3，中下部疏去1/4。顶生枝（坐蕻或短结果母枝）一般不疏花穗，而应在侧生枝上疏去整个枝上的花穗。留穗总梢数占全树总梢数的60%～70%。大年树、老年树、衰弱树多疏。

二、枇杷疏花

一般品种每穗留2～3个支轴，中、小型品种每穗留3～5个支轴。

对于常遇冻害的地区，可在疏去少数早花穗的基础上，进行疏支轴。方法是摘除花穗基部的2个支轴和总轴顶部数个小支轴，保留花穗中部3～4个支轴，或摘除花穗的上半部，或摘除总轴和支轴的前半部分。有冻害的地方宜选留开花迟的花，并且要多留一部分花蕾（图1-38）。

图1-38　枇杷疏花

三、枇杷疏果

塘栖枇杷在3月下旬至4月上中旬进行蔬果。疏果时间早可减少养分损失，过迟则养分消耗过多，对枇杷果重有影响。疏果原则是将外张、平展或下垂果（即着生在总轴、各支轴前端的果）、畸形果、病虫果和过大过小果疏去，每穗留生长发育一致的果1～3个（图1-39）。

图1-39　枇杷疏果

四、枇杷套袋

套袋具有防病、防虫、防鸟、防日灼、改善外观等作用（图1-40）。套袋时间推迟有利于提高内在品质，但对外观不利。套袋前喷一次农药，一般用70%甲基托布津700倍液+20%杀灭菊酯乳油4 000～5 000倍液，以防治为害果实的病虫。选择外面涂蜡防水的白色纸袋，规格为25 cm×36 cm。白色果袋对提高果实品质效果好，外黄内黑纸袋防裂果效果好。一般疏果后用专用纸袋套住整个果穗即可，从上向下、从里到外套袋。套袋时将袋口撑开，托起袋底，将袋口吹膨胀，手执袋口下2～3 cm处将果穗和2～3片叶全部套入袋内，有利于调节袋内温、湿度和防止果实灼伤。袋口用细绳扎住或用订书机订好，套袋时尽量避免纸袋直接接触果实，以免擦伤果面，保持果面茸毛完整。

图1-40　枇杷套袋

第十二节 塘栖枇杷避雨设施及栽培技术

露地栽培管理粗放，因环境恶化、气候反常给枇杷生产造成的危害日趋严重。塘栖区域2月下旬至翌年3月上中旬的冻寒和倒春寒，易使初花和幼果受冻严重，轻者减产20%，重者减产40%～50%，给本区枇杷产业带来了较为严重的影响。采用大棚设施栽培枇杷，果实成熟期比露地常规栽培提早10～20天，果形大，解决了花穗腐烂、日灼、裂果、冻害等问题，经济效益明显。

一、大棚类型

1. 单体大棚

主材采用镀锌钢管，按纵向一定间距安装的独立棚体，主要由拱杆、棚头立柱、纵拉杆、斜撑、拱杆连接件、卡槽等组成。型号有GP-C825或GP-C832型。棚宽8 m，主拱杆外径25 mm、拱杆间距小于0.8 m、肩高2.4 m、顶高3.6 m，卡槽4道、拉杆3道、斜拉撑4根。枇杷成林后开张较大，树势较高，单体大棚受限较大（图1-41）。

图1-41 单体大棚

2. 连栋大棚

连栋大棚跨度大，顶高高，符合枇杷树形长势。宜选择ϕ35热镀锌钢管搭建，每栋跨幅8 m、肩高4 m、顶高6 m，中间用ϕ28热镀锌钢管作立柱支撑，并配置遮阳系统、弥雾系统、电动卷膜等智能装置，防止高温日灼，长度按地形确定（图1-42）。

二、盖棚时期

图1-42　连栋大棚

枇杷设施栽培主要是保护头花所结的幼果不遭受低温冻害。虽然枇杷花在10月上旬就开放，但此时至12月上旬，盖膜后易使棚内气温过高，使树体遭受高温危害而大量落叶。所以，枇杷盖膜应在第一次低温寒潮来临之前比较安全，结合塘栖的气候条件，盖膜时间可在12月中下旬0℃以下的低温来临前进行。此时盖膜不仅可促使棚内早熟果生长发育，且能提高中晚花穗的坐果率。棚膜应选择透光率在90%以上、厚度达60 μm以上的无滴长寿膜。透光性能好，有利于枇杷叶片的光合作用和果实生长发育。棚膜可多次使用，降低成本。

三、温、湿度调控

大棚内应配备温、湿度测量仪，以便实时监测数据，覆膜后棚内枇杷进入盛花期，棚内温度高、湿度大，易滋生各种病菌。如遇棚外气温偏高或湿度过大，白天需打开通风口降温除湿，最低温度控制在-2℃，中午最高温度不超过32℃。温度过低可在棚内采用加温器增温，或采用树冠铺设薄膜和地下覆膜的方式，白天及时揭去薄膜；高温时及时启用弥雾系统，搭建遮阳网，或喷水降温，防止发生日灼和褐斑病。

四、整形与修剪

宜采用分层树形，层数3～4层，每层主枝数3～4个，层与层之间距离60～80 cm，每层之间主枝错宜，树高控制在2.5～3.0 m。

修剪：春梢、夏梢、秋梢长至5 cm长时，主枝保留，侧枝留两个，其余侧枝剪除。具体剪枝方法为主枝前端下垂时，于2月下旬回缩至较强侧枝处；与相邻树冠的距离不足30 cm时，采果后回缩至与相邻树冠距离50 cm的侧枝处；长度接近或超过主枝的副主枝，采果后回缩到较主枝短30 cm的侧枝处；及时疏除密生枝、病虫枝、倒挂枝、衰弱枝、徒长枝。

棚内枇杷采收后，棚外温度回升很快，此时应及时揭掉棚膜，棚膜清洗后晒干折叠好放于阴凉避光处保存。其余肥水、花果、病虫害管理和防治与露天同。

第十三节 塘栖枇杷的病虫害防治

一、枇杷的主要病害

枇杷主要病害有叶斑病、花腐病、炭疽病、叶尖焦枯病、枝干褐腐病、污叶病、日灼病、裂果病、皱果病、栓皮病等。

1. 叶斑病

通常有灰斑病、斑点病和角斑病3种类型。

灰斑病 病原属半知菌亚门，拟盘多毛孢属真菌，主要为害叶片，也可侵染果实。受害叶片出现圆形或不规则形病斑，褐色，病、健部清晰，边缘呈狭窄的黑褐色的环带，中央呈灰白色至灰黄色，上有黑色小点，粗而稀疏，表皮干枯，易与叶肉脱离。果实产生圆形、紫褐色、水渍状凹陷病斑，其上散生黑色小粒（分生孢子盘）。除可为害叶片外，还能引起干腐型花腐病。

斑点病 病原属半知菌亚门，枇杷叶点菌。只为害叶片，病斑近圆形，沿叶缘发生呈半圆形。初期病斑为赤褐色小点，后逐渐扩大，中央呈灰黄色，外缘仍为赤褐色，紧贴外缘处为灰棕色，上生黑色小点（即病原菌的分生孢子器），呈轮纹状排列。发生多时可合成不规则形大斑，引起叶枯。

角斑病 病原属半知菌亚门，枇杷尾孢菌。开始时产生褐色小斑点，之后后病斑以叶脉为界扩大，呈多角形，赤褐色，周围常有黄色晕环，后期病斑中央稍退色，长出黑色霉状小点。在阴雨天气多时，3月中旬就开始出现零星病斑（图1-43）。

以上3种病原以分生孢子和菌丝体在病叶上越冬，雨季易发生。5—6月、9—10月为发病高峰期。

图1-43 叶斑病

农业防治：建园时采用深沟高畦种植，搞好灌溉系统，雨季及时排水，降低地下水位，改善果园环境，以减轻发病；加强栽培管理增施有机肥料，及时修剪，增强树势提高抗病力；冬季清园，剪除病叶，清除枯叶烧毁，减少越冬菌源。

化学防治：发病初期使用50%苯甲·多菌灵悬浮剂800～1 000倍液，或24%井冈·丙环唑可湿性粉剂1 000～1 500倍液，或36%喹啉·戊唑醇悬浮剂800～1 200倍液，或250 g/L嘧菌酯悬浮剂600～800倍液。注意药剂种类要轮换使用，叶面喷药要均匀，药量要足。

2. 花腐病

由拟盘多毛孢菌引起的干腐型花腐和灰葡萄孢引起的湿腐型花腐，秋冬季节枇杷花期雨季来临早或雨量大及雨水多的年份，湿度大、发病早、传播快，枇杷受害严重（图1-44）。

图1-44 花腐病

农业防治：对密植园要分期进行间伐，对盛果期枇杷树及时进行采果后的夏剪，全年以夏剪为主，冬剪为辅，注意调整平衡树势，改善枇杷园的通风透光条件，保证树体四周和中下部光照充足。合理疏花，在花穗轴伸展充分至始花前摘除弱枝花穗和强枝花穗上部，一般保留花穗基部5个支轴。疏花尽量选择在晴天进行，使伤口愈合快，减少病原菌侵染的机会。

化学防治：11月下旬、12月下旬和1月下旬分别用80%代锌锰森800倍液，40%嘧霉胺可湿性粉剂1 000倍液，45%异菌脲悬浮剂1 000倍液全株喷施，可取得较好的防控效果。使用50%多菌灵可湿性粉剂800倍液、70%甲基托布津可湿性粉剂1 000倍液也有一定的效果。

3. 炭疽病

炭疽病的病原菌是半知菌亚门果生盘长孢菌真菌。为害接近成熟的果实，果面上初生褐色圆形病斑，后扩大凹陷，病斑上密生小黑点，在潮湿条件下溢出淡红色黏物质（分生孢子），使果实腐烂，病果可成为僵果挂在树上或落在地上；叶上病斑呈圆形至近圆形，中央呈灰白色，边缘呈褐色，直径1～7 mm，扩展后可连成大斑，叶缘发生时形状多样，有圆形、椭圆形和不规则形，以不规则形为主。芽和嫩梢发病时呈现枯萎，但与癌肿病的芽枯有区别，即病后期在芽枯上产生小黑点，而癌肿病无此病症（图1-45）。

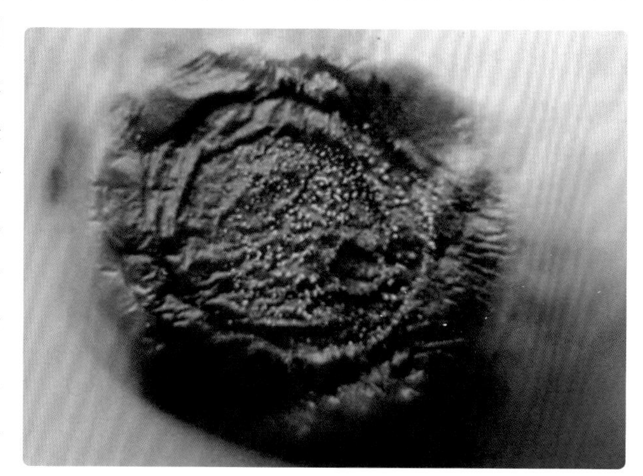

图1-45　炭疽病

以菌丝体和分生孢子盘在病果、病枯梢上越冬。第二年春遇适宜条件产生分生孢子，借风雨、昆虫传播为害。春季温暖多雨年份发病多。果实贮运期间，遇高温、高湿环境为害严重。果园湿度大，施氮肥过多，虫害重，遇大风、冰雹等灾害性天气袭击，也会加重发病。一般在4月下旬至5月上旬果实肥大至成熟初期，发病最多。嫁接苗在3月下旬至4月下旬容易发病。春、夏梢亦会发生，引起落叶。

农业防治：加强栽培管理，搞好果园排、灌水，增施钾肥，及时防治病虫害；早期发现病果、病叶及时剪除，就地深埋或烧毁；采后结合修剪病果、病梢，集中深埋或烧毁。

化学防治：可在发病初期使用25%戊唑醇水乳剂3 000～4 000倍液，或500 g/L嘧菌酯悬浮剂1 600～2 000倍液，或50%退菌特可湿性粉剂500倍液，或65%多克菌可湿性粉剂500倍液。间隔10～15天喷1次，连喷2次。5月上旬，为减少药物残留，可改用50%甲基托布津可湿性粉剂500～600倍液，采果前3周停药。

4. 叶尖焦枯病

一般嫩叶长2 cm左右时出现叶尖坏死、枯焦，严重时全叶枯焦，生长点枯死，甚至全树死亡。春、秋梢发病严重，秋梢少发生；高温、干燥或幼根受伤时易发病；土壤偏酸缺钙的果园发病严重（图1-46）。

图1-46 叶尖焦枯病

有研究表明诱发塘栖枇杷叶尖焦枯病的病因是工业废气污染，主要是氟伤害，其次是二氧化硫伤害，在氟化物与二氧化硫的共同作用下，伤害更烈。枇杷叶片的耐氟化物能力，即含氟化物阈值，品种间有较大差异，软条白沙和平头大红袍在35 mg/kg，大叶杨墩在50 mg/kg左右，其余品种介于上述两者之间。大气中日平均含氟化物浓度大于2.0 μg/dm^{2}时，便会给枇杷造成伤害，即出现叶尖焦枯病，这样的区域内不宜种植枇杷。

防治方法：远离排氟企业建园，加强果园管理，增强树势，多施磷、钾肥，剪除病梢；发病时全树喷施0.4%的氯化钙，同时土壤施用生石灰，可以取得较好的防治效果。

5. 枝干褐腐病

病原菌为半知菌亚门壳大卵孢菌。为害枝干，使枝干出现不规则病斑，树皮呈红褐色，病健交界处产生裂纹，粗糙易脱落，严重时绕枝干一周，可使枝枯乃至全树死亡（图1-47）。

图1-47 枝干褐腐病

病菌以菌丝体和分生孢子器在树皮中越冬。第二年春条件适宜时，产生分生孢子器和分生孢子，分生孢子借风雨传播，从树皮孔和伤口侵入，嫁接、虫害等造成伤口，常诱发该病。老产区发病较重。

农业防治：加强管理，增强树势，提高抗病力；及时整形修剪，改善通风透光条件，降低果园湿度；细心操作减少树皮受伤；刮除病斑，结合喷药防治；早期发现病斑，应及时刮除，集中烧毁。

化学防治：病部涂刷50%多菌灵可湿性粉剂200倍液，未发病的枝干可用50%退菌特可湿性粉剂600倍液，或20%苯醚甲环唑·咪鲜胺3 000倍喷雾，间隔15天用药，用2～3次。

6. 污叶病

污叶病病原属半知菌亚门，枇杷刀孢菌。是枇杷产区的一种常见病害，发生严重时因病叶密布黑色霉层，影响叶片光合作用，并引起早期落叶，侧芽无力抽发新梢，削弱树势。病斑多发生在叶背，初为不规则形或圆形暗褐色斑点，后长煤烟状霉层，小病斑连成大斑，发生严重时，霉层覆盖全叶（图1-48）。

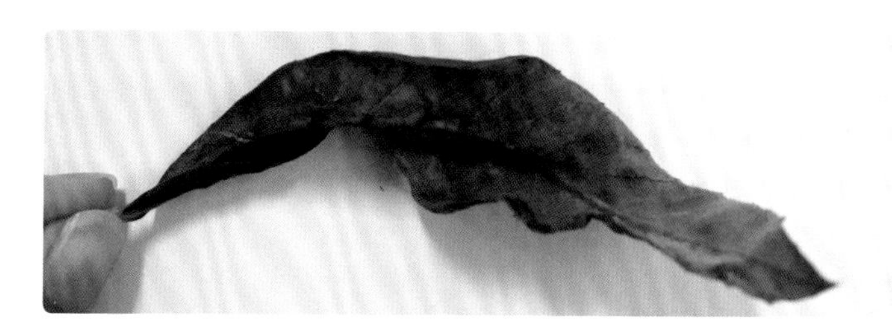

图1-48　污叶病

该病全年均可发生，以分生孢子和菌丝体在病部越冬，第二年条件适宜时，借助风、雨传播。管理粗放、通风透气差、树势衰弱的枇杷园容易发生，梅雨季节和台风雨后发病较多。

农业防治：搞好果园管理，增强树势，结合修剪、清除病叶，减少发病。

化学防治：与炭疽病同。

7. 日灼病

由高温烈日直射引起的一种生理性病害。着色期的果实，由于高温、烈日直射果面，果面、果肉遭日灼造成局部细胞失水焦枯，形成黑褐色枯干凹陷的病斑，果肉干燥而黏着种子。西向的坡地或平地黏质土的果园容易发生，果实由浓绿色转为淡绿色前后极易发生日灼现象，幼果和着色后的近成熟果较少发生。果实日灼病往往导致炭疽病盛发（图1-49）。

图1-49　日灼病

防治方法：不选西向的坡地建园；果实套袋，但要避免与袋接触；如遇烈日、无风天气，11:00前喷水；树干刷白防护。

8. 裂果病

果实着色期前后，迅速膨大期间，如遇连降大雨，或久晴后突降暴雨，由于过度吸收水分，果肉细胞加速膨大，将外果皮纵向胀破，露出果肉，甚至果核。易染病菌和招致虫害，也是引起果实变质腐烂的重要原因（图1-50）。

防治方法：套袋，大棚栽植或地膜覆盖，铺设遮阳网，选择不易裂果品种。

图1-50　裂果病

9. 皱果病

过迟采收，或采收前的气候异常，如高温干旱、空气湿度低，刮西北风的天气，果实出现失水，引起果皮皱缩。往往造成整个果穗、枝条枯死（图1–51）。

图1–51 皱果病

防治方法：选择抗病品种；加强果园管理，增施有机肥，疏花、疏果，套袋。

10. 栓皮病

幼果局部果面受霜冻后，果面凝霜融化时，由于果面局部温度急剧降低，导致果皮细胞冻伤，冻伤部位愈合后形成不规则黄褐色栓皮斑疤。此外，轻微的机械性果面损伤，也可能导致果皮表面木栓化（图1–52）。

图1–52 栓皮病

防治方法：果实套袋，采取防冻措施。

二、枇杷的主要虫害

枇杷的主要虫害有黄毛虫、苹掌舟蛾、梨小食心虫、枇杷蓑蛾、桑天牛等。

1. 黄毛虫

黄毛虫是枇杷瘤蛾的俗称，属鳞翅目灯蛾科，是中国南方枇杷上最主要的害虫。成虫体长约10 mm，翅展21～26 mm，幼虫黄色，体长20～23 mm，老熟幼虫在叶背上结茧化蛹越冬，茧为三角形，上端有一角突，蛹呈淡褐色，长约10 mm。幼虫为害嫩芽嫩叶，为害春、夏、秋梢，发生多时也为害老叶、嫩茎表皮和花果。初孵幼虫在叶正面毛丛下集群取食，被害叶呈褐色斑点。为害严重

时，全树嫩叶被食殆尽，削弱树势，影响产量，幼树受害较严重（图1-53）。

图1-53　黄毛虫

塘栖区域年发生4代，第1代幼虫5月上中旬出现，田间幼虫量以第2代为害最重，发生高峰期主要出现在6月下旬，少数年份推迟至7月上旬，主要为害代灯下成虫峰期以第3代峰期诱量最高，其次为第2代，第4代灯下成虫与田间幼虫量均下降较快，9月中旬后，幼虫陆续在树皮裂缝中、分枝处或树干基部和附近灌木上吐丝、结茧、化蛹越冬。

防治方法：少量虫口时

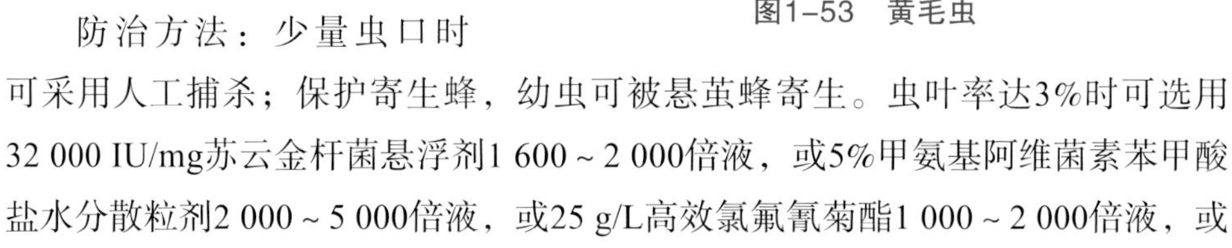

可采用人工捕杀；保护寄生蜂，幼虫可被悬茧蜂寄生。虫叶率达3%时可选用32 000 IU/mg苏云金杆菌悬浮剂1 600～2 000倍液，或5%甲氨基阿维菌素苯甲酸盐水分散粒剂2 000～5 000倍液，或25 g/L高效氯氟氰菊酯1 000～2 000倍液，或20%杀灭菊酯5 000倍液喷雾防治。

2. 苹掌舟蛾

别名舟形毛虫，属鳞翅目舟蛾科。成虫体长25 cm左右，翅展约50 mm；卵呈圆球形，幼虫、老熟幼虫体长50 mm左右。静止时头、胸和尾部上举如舟，故称“舟形毛虫”；蛹体长20～23 mm，呈暗红褐色（图1-54）。

图1-54　苹掌舟蛾

一年发生2代。以蛹在树冠下1～18 cm土中越冬。成虫昼伏夜出，趋光性较强，5—6月、8—9月初孵幼虫群集叶背，啃食叶肉呈灰白色透明网状，长大后分散为害，白天不活动，早晚取食，常把整枝、整树的叶子蚕食光，仅留叶柄。幼虫受惊有吐丝下垂的习性。

农业防治：冬、春季结合树穴深翻松土挖蛹，集中收集处理，减少虫源；灯光诱杀成虫，因害虫成虫具强烈的趋光性，可在4—5月成虫羽化期设置黑光灯诱杀成虫；利用初孵幼虫的群集性和受惊吐丝下垂的习性，少量树木且虫量不多，可摘除虫叶、虫枝和振动树冠杀死落地幼虫。

化学防治：与黄毛虫同。

3. 梨小食心虫

属鳞翅目卷蛾科，梨小食心虫可以为害枇杷、桃、梨、樱桃等多种果树。幼虫钻蛀为害枇杷果梗、果实和枝梢。梨小食心虫在幼虫期进入果实中，先蛀入果肉，后蛀入果核内，并有大量虫粪排出果外，形成“豆沙馅”（图1-55）。

图1-55 梨小食心虫

一般一年发生5～6代，以幼虫在树干基部、附近表土、草丛、石缝中越冬。梨小食心虫越冬代幼虫于2月下旬开始化蛹，蛹期16～18天。3月下旬出现越冬代成虫，并产第1代卵。幼虫于4月上旬为害枇杷果梗，4月上旬至10月上旬均有为害，完成1代需要25～40天，世代重叠严重，雨水多、湿度大的年份发生越重。

农业防治：尽量避免与桃、李、梨等果树混栽；消灭越冬幼虫，及时清园，及时剪除被害枝、梢、果，杀死幼虫。成虫期利用黑光灯或糖醋液（糖：酒：醋：水为1：1：4：16）诱杀；果实套袋；利用成虫的趋光性、色觉效应和趋化性，在枇杷园中挂设黑光灯、黄色粘虫板、诱捕器（诱芯为性信息素）诱杀；使用迷向丝扰乱梨小食心虫交配；脱果前，在树干上绑草堆诱集越冬幼虫，并在春季前集中处理；释放赤眼蜂防治梨小食心虫；枇杷园里喷白僵菌粉防治越冬幼虫。

化学防治：施药时最好选择在晴天的傍晚或阴天时进行，要掌握幼虫初孵化期。4月10—20日喷布第1次药剂以杀灭第1代幼虫，间隔5～7天后喷第2次药。5月7—13日喷布第3次药剂杀灭第2代幼虫，间隔5天后喷布第4次药。使用药剂有48%毒死蜱乳油2 000倍液，或2.5%三氟氯氰菊酯2 000倍液，喷雾防治。在卵期和幼虫脱果期，用20%氟虫双酰胺和25%灭幼脲3号1 500倍液喷雾防治。

4. 枇杷蓑蛾

又称袋蛾，属鳞翅目蓑蛾科。其中，白囊蓑蛾主要为害枇杷。该虫年发生1代，以幼龄幼虫在护囊内越冬，翌年春枇杷抽芽展叶时幼虫即开始活动为害。为害特点是，以幼虫咬食叶片为害，初龄幼虫食叶肉残留表皮，老龄幼虫咬食叶片成孔洞或缺口（图1-56）。

图1-56　枇杷蓑蛾

防治方法：人工摘除袋囊；用80%敌敌畏1 000～1 500倍液，或25 g/L高效氯氟氰菊酯1 000～2 000倍液，或20%杀灭菊酯5 000倍液喷雾防治，或生物农药Bt 500～800倍液防治。

5. 桑天牛

属鞘翅目天牛科。2年一代，以幼虫或即将孵化的卵在枝干内越冬，在寄主萌动后开始为害，落叶时休眠越冬。成虫啃食嫩枝皮层，造成许多孔洞，幼虫蛀食植株枝条，严重时致使植株枯死。幼虫在树内过冬，4—5月成虫羽化，产卵（图1-57）。

图1-57　桑天牛

防治方法：人工捕杀成虫，用刮刀刮除虫卵及皮下幼虫；用铁丝钩杀蛀入树内的幼虫；用80%敌敌畏乳油5～10倍液，蘸棉球塞入虫孔，并用湿泥封死洞口，毒杀幼虫。

第十四节　枇杷采收包装及贮运保鲜

一、采收方法

枇杷果实最好在充分着色成熟时分批采收，先着色的先采，若作长途运输则适当早采。建议根据天气情况，采前拆袋，最好提前2～3天。由于枇杷皮薄，肉嫩汁多，皮上有一层茸毛，所以采摘时要特别小心，宜用手拿果梗，小心剪下，不要擦伤果面茸毛，碰伤果实。采后轻轻放在垫有棕片或草的果篮中。采收时间以无露水上午、下午或阴天为好。

二、分级包装

实行分级包装，用垫有细软衬垫材料的塑料或竹材容器，包装时注意轻拿轻放，避免手接触果面；精品枇杷要单果包装，产品拟盒装或托盘包装，包装盒应牢固，材质必须符合食品卫生的要求（图1–58）。下附感官和理化指标分级标准（表1–2、表1–3）。

图1–58　枇杷分级包装

表1-2 感官指标

项目	指标	
	一等品	二等品
果形	整齐、果蒂完整，果实无萎蔫、日灼、裂果现象	无影响外观的畸形果
色泽	着色良好、鲜艳，锈斑面积≤5%	着色良好，锈斑面积≤10%
毛茸	基本完整	少许毛茸
果梗	留存，长度15 mm ± 2 mm	
果面	无病虫害，无刺伤、划伤、压伤、擦伤等机械损伤	允许有少量病斑，无刺伤、划伤、压伤、擦伤等机械损伤

表1-3 理化指标

项目		指标	
		一等品/g≥	二等品/gT≥
单果重	白肉枇杷	30	25
	红肉枇杷	40	30
可溶性固形物	白肉枇杷	12	11
	红肉枇杷	10	9
可食率/%≥		60	

三、贮运

果品应存放在清洁、干燥、通风的库房内，严禁与有毒有害物品混放，贮藏温度5～7℃为宜。运输工具应清洁卫生、无异味。不得与有毒有害物品混运。严禁烈日暴晒及雨淋。宜采用冷链运输，装卸时轻拿轻放，防止机械损伤。

四、气调保鲜

1. 预冷

将采摘的篮装枇杷放入洁净、通风性良好的冷库，用排风扇进行1.5～2.0 h风冷，再进行10℃封闭冷库预冷12～24 h，同时打开空气杀菌臭氧机进行空间及枇杷表面消毒杀菌。

2. 装盒

包装盒为聚乙烯材料软质塑料盒，内嵌有8～10个枇杷果形穿透孔的海绵衬垫，孔内嵌入枇杷果实。根据白沙枇杷和大红袍枇杷果实大小差异将包装盒深度分为5 cm（8孔）和3 cm（12孔）2种规格，可根据客户需求进行包装。

3. 气调包装

气调包装机连续自动完成真空、自动混合保鲜气体（通常为O_2、CO_2、N_2）、充气、封口包装、分切、包装成品排出等步骤。气体比例宜为O_2：CO_2：N_2=6%：6%：88%，或O_2：CO_2：N_2=6%：8%：86%，包装完毕后进行密封性检查。通过气调包装处理可以在常温下保存7天，气调包装后置于（8±1）℃条件下保存可存放15天以上，再加上8%氯化钙的保鲜剂处理则可以达到30天以上。

第二章

尖头白荷

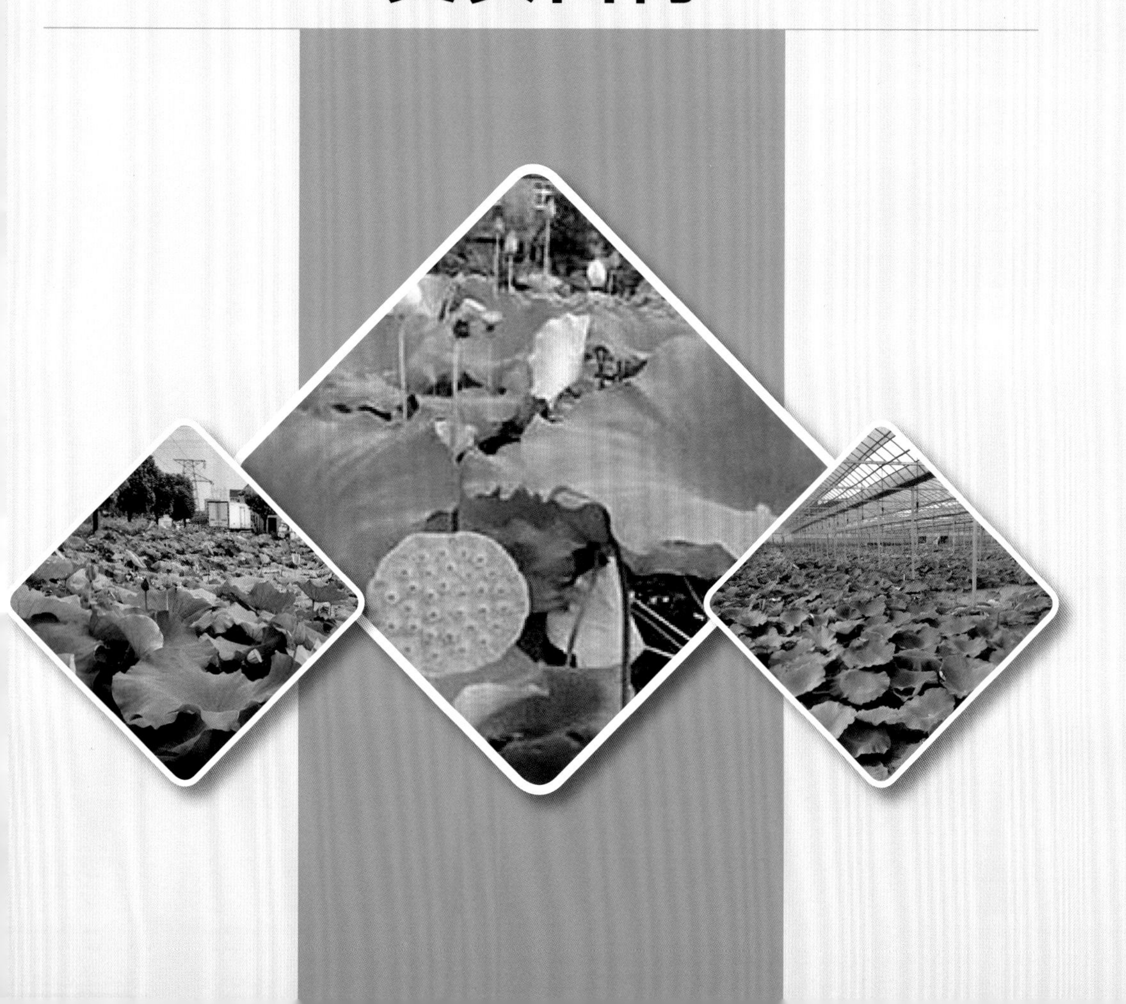

第一节 尖头白荷的历史文化

塘栖段大运河旁的沾桥、云会、东塘、丁河、宏磻等地属平原水网地带，盛产莲藕。多为塘藕，也有少量田藕和荡藕，县内的莲藕多数制成藕粉。唐代诗人白居易在《余杭形胜》诗中有“绕郭荷花三十里”的句子，说明早在唐代，临平一带周边地区已普遍种植莲藕了。藕粉自古是临平区土特产，以沾桥三家村产者最佳，以纯度高，含淀粉率低，含蛋白质较高，制作考究，形似薄片，白里透微红，质地细腻，香醇质洁而扬名于世。据传南宋时，三家村藕粉是贡品。明清时期三家村藕粉已是“风靡两京”的休闲食品，借助京杭大运河外运，远销苏州、上海、南京等地。清代编纂的《杭州府志》载：“藕粉，舂藕汁，去滓，晒粉，西湖所出为良，今出塘栖及艮山门外”。据清代光绪年间编纂的《唐栖志》载：“藕粉者，屑藕汁为之，他处多伪，真赝各半，惟塘栖三家村业此者，以藕贱不必假他物为之也”。所指的就是三家村及其周围数十里的藕乡。《余杭通志》记载：崇贤沾桥（沾驾桥）藕最佳（图2-1）。1972年，美国总统尼克松访华时，在杭州品尝了三家村藕粉，也赞不绝口。1953年，临平莲藕种植面积5 300亩，年产量429万kg，其中沾桥（沾驾桥）971亩；2005年，临平莲藕种植面积为3 014亩，总产量450万kg。目前临平区莲藕种植面积3 000亩，其中，尖头白荷种植面积100亩左右。

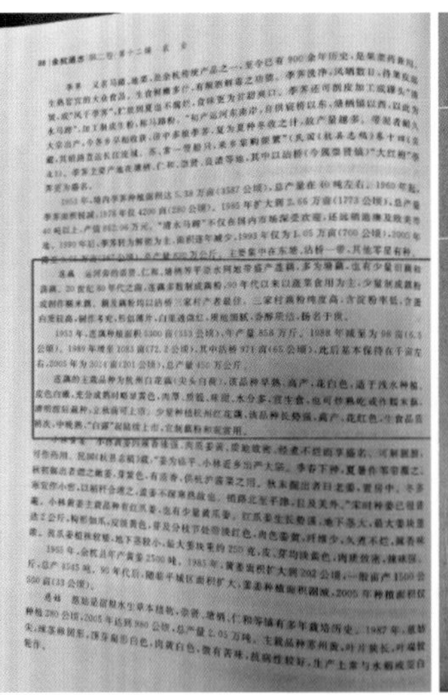

图2-1 《余杭通志》

关于三家村藕粉，民间还有一个传说。据传太平军攻克杭州的那一年，杭州一带连续大雨，三家村洪水猛涨，房屋倒塌，有三户人家逃到一株大树上躲避，才侥幸保住了性命。太平军李忠王得知后，就派人到杭州西湖采鲜藕，给他们充饥，为了感念太平军的恩德，这个村取名为“三家村”，后来在三家村布下的西湖藕种，因产量增多，一时又吃不完，于是就加工成了藕粉，三家村也成为大运河边上一个秀丽而富庶的村落。当年三家村周围十里荷塘、十里藕乡，附近村里家家户户做藕粉，村民刀削藕粉的传统工艺，保证了藕粉最为纯正地道的口感。

近年来，尖头白荷和三家村藕粉获得了很多荣誉。1991年，在浙江省首届农副产品展销会上，三家村藕粉被评为畅销产品，同年被浙江省计划经济委员会授予精品证书；1999年，被评为杭州市名特优农产品银奖；2010年，三家村藕粉传统加工工艺被浙江省列入非物质文化遗产保护名录；2010年12月，尖头白荷被浙江省农业厅列入《浙江省首批农作物种质资源保护名录》；2016年12月，“三家村藕粉制作技艺”被列入浙江省非物质文化遗产代表性项目；2015年、2018年，尖头白荷两获浙江省精品果蔬展金奖；2021年，获浙江省农博会金奖；2016年，尖头白藕及其莲叶成为G20杭州峰会保供产品；2018年9月，崇贤湾里塘莲藕田挖藕情景《烈日下的采藕人》CCTV7台作了专题报道（图2–2）；2021年，临平区莲藕生产区被浙江省农业农村厅等7部门认定为浙江省特色农产品优势区；2022年8月，湾里塘合作社社长马良浩荣登CCTV《风物》栏目展示三家村手削藕粉制作技艺（图2–3）。2023年10月，三家村莲藕被列入浙江省第二批名优“土特产”百品榜名单。

图2–2　CCTV宣传片

图2–3　CCTV《风物》栏目

第二节 尖头白荷莲藕的实用价值

藕是人们喜食的果菜，营养价值极高，鲜藕富含碳水化合物和丰富的钙、磷、铁以及多种维生素。莲藕每100 g含水分77.9 g、蛋白质1.0 g、脂肪0.1 g、碳水化合物19.8 g、粗纤维0.5 g、灰分0.7 g、钙19 mg、磷51 mg、铁0.5 mg、胡萝卜素0.02 mg、硫胺素0.11 mg、核黄素0.04 mg、尼克酸0.4 mg、抗坏血酸25 mg。

藕供应时间较长，早熟藕在“三秋”前即可上市，鲜脆爽口，白嫩诱人。中晚熟“白露”上市一直可供应至翌年“清明节”。是调剂蔬菜淡季的重要而高档品种之一。生熟均可尝，鲜藕肉质细腻、嫩脆津甜，当水果生食可与生梨媲美；熟食则可制成多种可口的菜肴，如藕肉丸子、藕香肠、炸莲片以及辣茄炒藕丝、糖醋藕片、鲜藕炖排骨、藕块毛豆榨菜汤等；还可以加工成蜜饯和糖藕片，是老幼妇弱及病患者的良好补品。莲子为上等食品，莲鞭、莲蓬均可入药；荷叶可制荷叶茶，也可制作食品的包装材料。

藕除了可作为果菜食用外，还有很高的药用价值。清代王士雄著的《随息居饮食谱·果食类》曰：“藕以肥白纯甘者良。生食宜鲜嫩，煮食宜壮老。用砂锅桑柴缓火煨极烂，入炼白蜜收干食之，最补心脾。若阴虚、肝旺、内热、血少及诸失血症，但日熬浓藕汤饮之，久久自愈，不服他药可也”。烹煮熟的藕，性味甘温，能健脾开胃，益血补心，故主补五脏，有消食、止泻、生肌的功效，脾胃虚弱及肺痨虚的人可以常食。《中药大辞典》载：生食鲜藕，能清热除烦，解渴止呕。如将鲜藕压榨取汁，其清热生津的功效更甚。清代吴瑭著的《温病条辨》中记载了治疗急性热病和发热口渴的著名方剂“五汁饮”，其中就有鲜藕汁。饮用鲜藕汁可治疗流鼻血、吐血、痰中带血以及产后出血等症，孕妇产后需忌食生冷，但可不忌藕。藕节还是一味止血常用的中药。据药理研究表明，它含有鞣质、天门冬酰胺及维生素C等成分，有很强的收敛作用，主要用于各种出血症，疗效显著。

三家村藕粉营养丰富，据浙江农业大学测定，每100 g三家村藕粉含蛋白质4.10 g、脂肪0.83 g、淀粉84.29 g、钙0.21 g、磷72.87 mg、铁17.53 mg、维生素C

2.11 mg。三家村藕粉色泽微红呈片状，洁净清香，无杂质，耐久贮。营养价值很高，有生津开胃、清热补肺、养血益气等功效，且极易消化，是适宜老人、产妇、婴儿和病人食用的滋补品。

第三节 尖头白荷地理条件

临平区莲藕产区主要集中在3个镇街17个行政村。崇贤街道的崇贤村、大安村、沿山村、沾桥村、四维村、三家村、鸭兰村、龙旋村、北庄村；塘栖镇的柴家坞村、西河村、三星村；运河街道的博陆村、新圩村、戚家桥村、杭信村、双桥村。地理坐标为120°14′0.015″ ~ 120°19′11.807″E，30°29′33.171″ ~ 30°31′25.580″N，以及120°7′22.487″ ~ 120°13′4.918″E，30°22′40.700″ ~ 30°26′33.999″N。

临平区运河区域特别是崇贤街道的沾驾桥三家村一带地理环境适合莲藕生长，三家村藕粉之所以独具特色，誉满中外，有这样几个因素：一是土质适宜，三家村位于古运河旁，成土母质多为湖泊沉积物，地势低洼，土层深厚，土质黏重，土壤肥沃，pH值在6.5 ~ 7.0；二是风障保护，这一带浅塘多，塘的周围土埂高垒，其上遍植果、桑，藕怕风，有“风障”最好，十分适宜莲藕生长发育；三是精选藕种，三家村栽藕从塘藕开始，后来逐渐形成了用“挑头丫儿”做种，三尺河泥三寸水，亩壅百担肥；四是藕、鱼、鸭共生，相互依存。由于这些因素，三家村藕粉产量高，质量好，并很快从塘藕发展到田藕、荡藕，“三藕并举”的局面。

第四节 莲藕的品种特性

莲藕属睡莲目、睡莲科，多年生宿根水生植物。种藕栽植后，顶芽和侧芽抽出细长如手指粗的鞭状根茎，称“莲鞭”。莲鞭上有节，向下生须根，向上生叶，形成分枝，每个分枝上又能再生分枝，从种藕生出的第一片叶到最终叶片其大小形状均不同。初生叶小，沉于水中称“钱叶”；后生叶较大，浮在水面称“浮叶”，伸出水面的称“立叶”。植株生长前期立叶从矮到高，生长后期从

高到矮，可以从叶片来鉴别藕头生长的地方。结藕前的一片立叶最大，称“栋叶”，以此叶作为地下茎开始结藕的标志，最后一片叶为卷叶，色深、叶厚，叶柄刺少，有时不出土，称为“终止叶”。夏秋之间，莲鞭先端数节开始肥大，称“母藕”或“正藕”，由3～6节组成，全长1.0～1.3 m。母藕节上分生2～4个“子藕”，节数少。较大的子藕又可分生，称“孙藕”，孙藕藕小只有一节。母藕先端一节较短，称“藕头”，中间1～2节较长，称“中截”，连接莲鞭的一节较长而细，称“后巴”。藕为地下根茎的变形肥大部分，中间有7～9条纵直的孔道，同叶柄中的孔道相通，以交换空气。藕、莲鞭、叶柄或花梗，折断时有纤细均匀而富有弹性的藕丝，即谓“藕断丝连”。花红色、浅红色或白色，花瓣20片左右，果实称莲子。果皮内有紫红种皮，所有果实包埋在半球形的花托——莲蓬内。每个莲蓬有莲籽15～25个。

目前临平区除栽植尖头白荷外，栽培面积较大的还有鄂莲5号、鄂莲6号、鄂莲7号、安徽飘花。籽莲品种有建选17号、建选35号、金芙蓉1号等。

1. 尖头白荷

尖头白荷莲藕的物候期表现为，播种期在4月上旬，5月上中旬为立叶期，6月上旬为封行期，6月下旬至7月上旬为结藕期，采收期在9—12月，全年生育期约140天；叶片圆形，叶片长半径约25 cm、短半径约24.3 cm，叶片正面绿色，背面黄绿色，叶姿呈雁翅状，主藕呈长筒形、节间横切面呈扁圆形，藕肉颜色为黄白色，整藕重约1.7 kg、主藕节间数4节，整藕长约90 cm，主藕长约17 cm、粗约7 cm。该品种几乎无花，花色白，“后把”中长，“中截”为三节，肥大直径约10 cm，“藕钻子”特小，子藕颇多，孙藕也常见。早熟，粉质细腻。寒露来临时，尖头白荷已充分成熟。寒露至翌年清明节气，是制藕粉的时节，但以霜降至小雪节气间制的藕粉最佳（图2-4）。

图2-4　尖头白荷

2. 鄂莲5号

由鄂莲1号与鄂莲2号杂交选育而成，中早熟。莲藕生长势强，不早衰，抗逆性强，稳产，藕形粗壮，肉孔比大，商品性好。主藕5～6节，长约120 cm（图2-5）。

图2-5　鄂莲5号

3. 鄂莲6号

杂交选育而成，植株生长势较强，早熟，藕节间形状为中短筒形，表皮呈黄白色，藕头、节间肩部圆钝，节间均匀。主藕6～7节，长90～110 cm（图2-6）。

图2-6　鄂莲6号

4. 鄂莲7号

又名珍珠藕，是以鄂莲5号为亲本，通过有性自交选育而成的莲藕新品种。早熟，生长势较弱，植株矮小，藕节间为短圆筒形，节部空隙小，藕表皮光滑，呈黄白色，藕头圆钝，藕肉厚实。主藕5～7节，主节间长9～12 cm，粗6～10 cm（图2-7）。

图2-7　鄂莲7号

5. 安徽飘花

属于安徽省合肥市地方品种。安徽飘花莲藕属于早熟品种，主藕4～6节，藕较粗，质嫩脆（图2-8）。

图2-8　安徽飘花

6. 建选17号

属杂交籽莲新品种。株高约145 cm，花期约120天。花蕾呈长卵形，花色呈白爪红（瓣尖淡红，瓣中基部白色），花瓣18～22枚。莲蓬呈扁圆形，蓬面直径11～16 cm，莲子呈卵圆形，每蓬莲子数为18粒左右，百粒干重约103 g（图2-9）。

图2-9　建选17号

7. 建选35号

籽莲品种，叶柄高约140 cm。叶上花，花色深红，花期可达110天以上。莲蓬呈扁圆形，边缘平，直径12～17 cm，心皮26～35枚，着粒密，莲子呈短卵圆形，单粒鲜重4～5 g，结实率80%～85%，鲜食品质好；通心干莲子千粒重1 050～1 300 g，每亩通心干莲子产量80～120 kg。莲子粒大而圆，莲肉呈乳白色微黄，光泽度好，品质好，烘干率高（图2-10）。

图2-10　建选35号

8. 金芙蓉1号

籽莲品种，植株较矮，叶柄长130 cm。定植60天后始花，叶上花，花茎比立叶高15～35 cm，花呈玫瑰红色、碗状、重瓣，外层花瓣15～18瓣，内层花瓣平均56.3瓣，直径18～22 cm，花期110天以上。莲蓬呈扁圆形，蓬面略凹，心皮20～25枚，着粒紧密，莲子呈短卵圆形，平均结实率83%，鲜莲子千粒重约3 200 g，鲜食甜脆，通心干莲子千粒重945 g，每亩通心白莲子产量80～100 kg。鲜食品质好，通心干莲子呈乳白微黄色，品质较好（图2-11）。

图2-11　金芙蓉1号

第五节　莲藕栽培技术

一、藕田准备

1. 常规藕田

选择在阳光充足、排灌方便的藕田，将石灰按50 kg/亩撒于池中，并翻耕30 cm混匀。

2. 铺底膜藕田

用挖掘机挖池，每个藕池深50 cm、长60 m、宽50 m，池塘及四周夯实整平，塘边处理成斜坡；在池底及池壁分段铺膜，膜与膜之间重叠15 cm用压膜机焊封土压实即可；底膜铺好后将调配好适宜莲藕生长的有机质淤泥，通过吸泥泵打入藕池，沉淀后厚度为30～40 cm，要求达到水平，误差不能超过3 cm，并不得有尖锐物体混入，以免刺破藕池膜。池壁上设有进出水口。底膜为藕池专用膜，材质为厚度50丝土工膜，一般规格长×宽为50 m×6 m，用膜量每亩约40 kg。

二、种藕挑选与用量

种藕要求顶芽完整、藕头饱满、色泽鲜亮、无病虫害，并具有优良品种特性。在种植前用50%多菌灵或甲基硫菌灵800倍液加75%百菌清可湿性粉剂800倍液喷雾消毒后，用塑料薄膜覆盖密封闷种24 h，晾干后播种。

三、种藕定植

日平均气温达15℃以上时开始定植。杭州及周边地区宜为3月中旬至5月上旬。藕梢翘露泥面。种植时四周藕头一律朝向田内，以免藕鞭伸向田埂。种完藕后，及时灌水，水深4～5 cm。种植行距为1.2～1.5 m，株距为0.5 m，用种量为每亩300 kg或顶芽600个以上。籽莲定植密度2 m×2 m，每亩用种166支（图2-12）。

图2-12　莲藕定植

四、施肥

1. 莲藕施肥

基肥：基肥使用肥效长、养分含量高的优质有机肥，每亩施用农家有机肥1 000～1 500 kg及复合肥（25-10-16）15 kg，可加硼砂1 kg，缺锌地加硫酸锌1 kg（种植前一周施入，如4月5日种植，应3月28日施入）。

追肥：藕种植后追肥分4次施入，第一次立叶期（5月5日左右）时，施复合肥（18-8-10）20 kg/亩；第二次于莲藕荷叶封行（6月5日左右）时，施复合肥（18-8-10）20 kg/亩或复合肥（25-10-16）15 kg/亩；第三次于结藕期（7月5日左右），施复合肥（25-10-16）35 kg/亩或（18-8-10）45 kg；第四次于壮藕期（7月20日左右），施复合肥（25-10-16）20 kg/亩或复合肥（18-8-10）25 kg/亩。每次施肥时应保持浅水，让肥料融入水中，再灌至原来水位。施肥后泼浇清水冲洗荷叶（图2-13）。

2. 籽莲施肥

图2–13　施肥

基肥。每亩施充分腐熟的有机肥1 000 kg，过磷酸钙或钙镁磷肥15～20 kg，氮肥、钾肥根据田块的情况确定。

追肥。原则是早施立叶肥，稳施始花肥，重施花蓬肥，补施后劲肥，用好根外肥。立叶肥（5月上旬）30%～50%植株长出第1片立叶时，施用尿素10～20 kg/亩，硫酸钾2.5～5 kg/亩；现蕾肥（5月下旬）：每亩施36%复合肥（18-8-10）30 kg/亩或51%（25-10-16）25 kg/亩，加适量硼、镁、锌等微量元素肥料拌匀施用；6月始花肥：施36%配方肥（18-8-10）15 kg/亩或51%（25-10-16）12 kg/亩；7月盛花肥：是花蓬及植株生长高峰期，养分消耗极大，追肥2次，每次用量为施36%配方肥（18-8-10）25 kg/亩或51%（25-10-16）20 kg/亩。为了防止籽莲后期脱肥早衰，增加籽莲后期产量，在8月上、中旬施秋莲肥，视田间长势，施用复合肥（18-8-10）15～20 kg。

五、水分管理

莲藕田排、灌沟渠分开，以免传播病虫害。稻、莲混栽区，防止施用过除草剂的稻田水流入莲田。

1. 藕莲水分管理

定植期至萌芽阶段保持水深3～5 cm；立叶至封行期保持水深5～10 cm；封行至结藕期保持水深10～20 cm；结藕至枯荷期保持水深5～10 cm；留地越冬期保持水深3～5 cm。

2. 籽莲水分管理

早期浅水，盛夏深水，后期浅水。苗期田间保持水深5～10 cm，当气温达30℃以上时，水深提高到10～20 cm，抽生终止叶后，水深降到5～10 cm越冬。

六、大棚设施栽培技术

采用大棚或简易地膜覆盖，可以进一步发挥品种的早熟优势，提高种植效益。大棚建造宽6 ~ 8 m，高2.0 ~ 3.5 m，棚间间距0.5 m。棚内定植行距1.0 ~ 1.5 m，穴距0.5 ~ 0.6 m。采用大棚早期种植，浮叶期密封保温；立叶抽生后，棚内温度高于30 ℃时，及时通风降温；室外气温稳定在23 ℃时揭膜。简易地膜覆盖的，当叶尖顶膜时须及时破膜，4月上旬完全揭膜。应注意的是，揭膜前2 ~ 3天要将棚两头和两边的棚膜全部卷起，昼夜通风炼苗，以强化适应性。大棚莲藕水管理为前浅、中深、后浅，一般前期保持水深5 ~ 10 cm；当藕田立叶挺出水面至满田时，控制水深在20 cm左右；藕田出现后把叶时，将水深降到10 cm左右（图2-14）。

图2-14　大棚设施

大棚设施具有促使莲藕根状茎提前膨大，提早上市的作用，并且通过喷灌技术，可以延长莲藕供应期。还可应用夏季喷淋降温技术延长莲藕和荷叶的采摘期。其余管理与露天栽培相同。

第六节　莲藕病虫害防治技术

一、主要病害

莲藕主要病害有莲藕腐败病、莲藕叶斑病和莲藕炭疽病。

1. 莲藕腐败病

莲藕腐败病俗称藕瘟，该病由真菌藕尖镰孢侵染引起，该病菌只为害藕，

病菌从地下茎的伤口侵入，菌丝在茎内蔓延，使其茎节及根系变色腐烂，并导致地上部叶片逐渐发生类似开水烫过的青枯和叶柄枯死。发病初期莲藕地上部分和根状茎无明显病症，但查看根状茎横切面时，中心维管束部分呈现浅褐色或褐色，整个叶片向下卷曲干枯死亡。随后逐渐蔓延至当年生的地下茎。发病后期，病茎、莲鞭及根被害部呈褐色至紫黑色，病茎腐烂。采收后病茎贮放数日，常见在病茎上长出白色霉状物（为分生孢子及分生孢子梗）（图2-15）。

图2-15 莲藕腐败病

病菌以菌丝体及厚垣孢子随病残体在土中越冬。病菌生长发育最适温度27～30℃，在5—8月均可发生，7—8月为盛发期。该病多发生在水稻田改种藕的地块上，藕田水层浅，是诱发该病的主要原因。此外，连作地发病重，深根性的品种比浅根性品种的发病轻。

农业防治：清理病残株、病残叶、病残藕，当年莲田结合整地时每亩施入生石灰75～100 kg进行土壤消毒；连作莲田每亩施入100 kg生石灰和5 kg硫磺粉，连作藕田亦可在越冬时田间覆水15～20 cm，减少病菌源。

化学防治：常用的杀菌剂有25%嘧菌酯悬浮剂1 500倍液，或25%丙环唑悬浮剂1 000～1 500倍液，或70%的代森锰锌可湿性粉剂500倍液，或70%甲基硫菌灵可湿性粉剂1 000倍液，或45%噻菌灵悬浮剂1 000倍液喷雾。宜每隔7天喷施1次，连续喷施2～3次。田间发现病株时应及时拔除，并在病株周围撒施生石灰或广谱内吸性杀菌剂（图2-16）。

图2-16 无人机防病

2. 莲藕叶斑病

又称褐斑病、褐纹病。

病原属暗丛梗孢科链格孢属真菌。

为害症状：叶斑病是莲藕叶片上发生的传染性病害俗称，其发病初期可见叶缘或叶面出现黄褐色或褐色小斑点，后逐渐扩大成近圆形或不规则的黄褐色斑块，发病严重时多个病斑相连融合，致使叶片大面积干枯。

传播途径和发病条件：病菌以菌丝体和分生孢子丛在病残体上或采种藕株上存活和越冬，翌年产生分生孢子，借风雨传播进行初侵染，经2～3天潜育发病，病部又产生分生孢子进行再侵染。莲藕叶斑病多发生在高温条件下，一般每年6—8月的高温多雨季节该病发生严重（图2-17）。

图2-17　莲藕叶斑病

农业防治：清理病残株、病残叶、病残藕，当年莲田结合整地时每亩施入生石灰75～100 kg进行土壤消毒；连作莲藕田每亩施入100 kg生石灰和5 kg硫磺粉，连作莲藕田亦可在越冬时田间覆水15～20 cm，减少病菌源。重施有机肥，并增施磷钾肥，避免偏施氮肥，提高植株抗病力。

化学防治：在发病初期及时喷施杀菌剂，常用的杀菌剂有25%嘧菌酯悬浮剂1 500倍液，或25%丙环唑悬浮剂1 000～1 500倍液，或70%的代森锰锌可湿性粉剂500倍液，或70%甲基硫菌灵可湿性粉剂1 000倍液，或25%吡唑醚菌酯乳油剂2 000倍液，或20%苯醚甲环唑·咪鲜胺3 000倍。宜每隔7天喷施1次，连续喷施2～3次。

3. 莲藕炭疽病

病原属半知菌类胶孢炭疽菌。

为害症状：叶片上病斑呈圆形至不规则形，略凹陷，红褐色，具轮纹，与黑斑病初期症状相近，后期上生很多小黑粒点，即病原菌的分生孢子盘。发生多时病斑密布，叶片局部或全部枯死；茎上病斑呈近椭圆形，暗褐色，亦生许多小黑

点，致全株枯死。幼叶呈紫黑色，轮纹不明显（图2-18）。

病菌以菌丝体和分生孢子在病残体上越冬，以分生孢子进行初侵染和再侵染，借气流或风雨传播蔓延。高温多雨尤其暴风雨频繁的年份或季节易发病，连作地或藕株过密通透性差的田块发病重。

防治方法与腐败病同。

图2-18 莲藕炭疽病

二、主要虫害

莲藕主要虫害有斜纹夜蛾、莲缢管蚜、福寿螺。

1. 斜纹夜蛾

斜纹夜蛾属鳞翅目夜蛾科斜纹夜蛾属，是一种农作物害虫，寄主植物广泛，可为害各种农作物及观赏花木。成虫为褐色，前翅具许多斑纹，中有一条灰白色宽阔的斜纹。长江流域地区，斜纹夜蛾每年发生5～6代，幼虫由于取食作物不同，发育参差不齐，世代重叠严重，一般5月开始为害莲藕，7—9月为为害盛发期。以蛹在土下3～5 cm处越冬。每只雌蛾能产卵3～5块，每块有卵100～200个，成虫夜出活动，飞翔力较强，具趋光性和趋化性。经5～6天就能孵出幼虫，初孵时聚集叶背，4龄以后和成虫一样，白天躲在叶下土表处或土缝里，傍晚后爬到植株上取食叶片。斜纹夜蛾主要以幼虫为害，幼虫食性杂，且食量大，初孵幼虫在叶背为害，取食叶肉，仅留下表皮；3龄幼虫取食后造成叶片缺刻、残缺不全甚至全部被吃光，容易暴发成灾（图2-19）。

图2-19 斜纹夜蛾

农业防治：及时耕地，铲除杂草，清洁田园；5月上旬在藕田四周种植诱集植物大豆，并适时喷施农药毒杀；在斜纹夜蛾产卵或孵化期，人工摘除卵块或集群为害的荷叶。

物理防治：利用斜纹夜蛾的趋光性，采用频振太阳能杀虫灯或糖醋液诱杀成虫（图2-20）。杀虫灯一般1公顷安装1盏，悬挂高度宜高出莲藕叶片30 ~ 50 cm。注意定时清洁高压触杀网和接虫袋；糖醋液比例按照糖：醋：水=3：1：6的比例配制并加少量敌百虫胃毒剂。

图2-20　太阳能杀虫灯

性诱剂诱杀防治：使用专一性诱剂诱杀斜纹夜蛾、大螟等。每亩悬挂2 ~ 3只诱捕器，悬挂高度高出莲叶30 ~ 50 cm（图2-21）。

图2-21　性诱剂

生物防治：斜纹夜蛾3龄以前，每亩用16 000单位/mg苏云金杆菌（Bt）可湿性粉剂100 ~ 150 g兑水30 kg喷雾防治。

化学防治：宜在幼虫孵化至3龄未分散前喷药防治，并注意不同药剂轮换使用。常用化学防治剂有5%氯虫苯甲酰胺悬浮剂2 000倍液，或5%氟啶脲乳油1 500倍液，或1.8%阿维菌乳油2 000倍液，或10%虫螨腈悬浮剂1 500倍液，或15%茚虫威悬浮剂4 000液，或10%溴氰虫酰胺可分散油悬浮剂2 000倍液，或240 g/L甲氧虫酰肼悬浮剂3 000倍液，或5%虱螨脲乳油1 000倍液，或30%氯虫·噻虫嗪悬浮剂2 000倍液等，轮换使用，延缓抗药性的产生，将幼虫消灭在高龄暴食期前。因夜蛾科幼虫有夜出活动取食为害的习性，喷药宜在傍晚前后进行。禁用菊酯类农药。

2. 莲缢管蚜

莲缢管蚜为同翅目常蚜科缢管蚜属。可以为害莲藕、慈菇等作物。成虫及若虫群集于莲叶及叶柄刺吸汁液，为害较轻时，莲叶出现黄白色斑痕，随后叶面发黄、植株生长量减少，出叶速度骤降；为害较重时，大部分集中在心叶和倒2叶叶片及叶柄上，造成叶片卷曲、枯黄，叶柄变黑（图2-22、图2-23）。

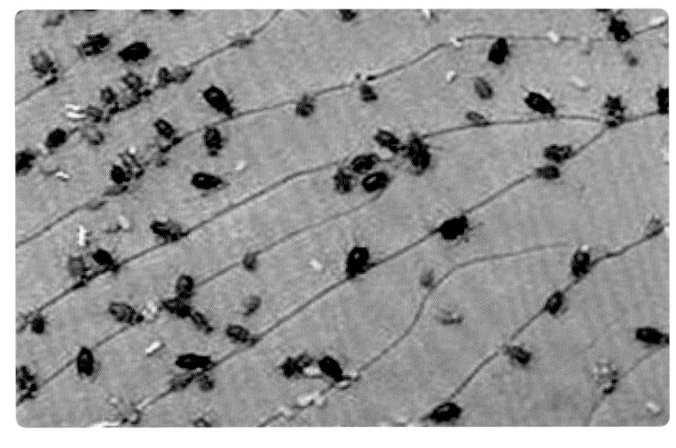

图2-22　莲叶管蚜

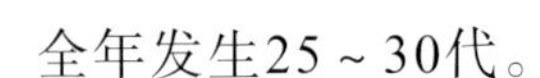

全年发生25～30代。以若蚜在李、梅等蔷薇科李属果树上越冬。莲缢管蚜的全年种群动态呈多峰型，4月下旬至5月上旬在越冬寄主上出现第1个高峰，此时正值莲藕萌芽生长期，对莲藕生长影响最大；夏季在寄主上则出现2次蚜量高峰，第1次为6月中下旬，第2次为8月中下旬，尤以第2次高峰持续时间长、蚜量大、为害最为严重。

为害症状及规律：莲缢管蚜趋向为害莲藕幼嫩叶片、叶柄、花梗、花蕾等，成虫和若虫多见成群密集于莲藕新生藕叶叶背及叶柄上，为害较轻时叶片出现黄白斑，为害重时造成叶片卷曲皱褶、叶柄变黑、花蕾凋谢。

农业防治：莲藕种植田块避免与慈菇、芡实、睡莲等水生作物间隔种植；及时清除田间绿萍、浮萍等水生植物，减少虫量。

物理防治：在4月下旬至5月上旬有翅蚜发生期可应用黄色粘虫板诱杀，每亩放置30～40块。

生物防治：保护瓢虫、蚜茧蜂、食蚜蝇、草蛉、食蚜盲蝽等食蚜天敌；使用0.3%的复方苦参碱1 500～2 000倍液，或0.5%藜芦碱400～600倍液等喷施。

化学防治：有蚜株率达15%～20%或每株蚜虫超过1 000头时采用化学防治，防治药剂有10%吡虫啉可湿性粉剂1 000～1 500倍液，或5%啶虫脒乳油1 500～2 000倍液，或1%的苦参碱水剂600～800倍液，或50%抗蚜威可湿性粉剂2 000～3 000倍液，或25%吡蚜酮可湿性粉剂2 000倍液等。禁用菊酯类农药。

3. 福寿螺

图2-23　套养甲鱼的莲田

福寿螺是瓶螺科瓶螺属软体动物。贝壳外观与田螺相似。具一螺旋状的螺壳，颜色随环境及螺龄不同而异，有光泽和若干条细纵纹，爬行时头部和腹足伸出。头部有2对触角，前触角短，后触角长，后触角的基部外侧各有一只眼睛。螺体左边有1条粗大的肺吸管。成年福寿螺贝壳厚，壳高7 cm，幼年福寿螺贝壳薄，贝壳的缝合线处下陷呈浅沟，壳脐深而宽。卵呈圆形，粉红或鲜红色，其上具蜡粉状物覆盖。每一卵块由3～4层卵粒叠覆成葡萄串状，色泽鲜艳，十分醒目，卵期14天左右（图2-24）。福寿螺原产于南美洲亚马孙河流域，1981年引进我国，该物种适应性强，繁殖迅速，一只雌螺通常1年产卵1万个左右，是一种备受关注的危险性有害生物，被国家生态环境部列为首批16种危害极大的外来入侵物种之一，对入侵地的水生生物构成极大威胁，可导致生态系统的破坏。福寿螺除了危害农业生产、破坏生态环境外，也是卷棘口吸虫、管圆线虫的中间寄主，食用未煮熟的螺肉易感染管圆线虫等疾病，直接危害人民身体健康。

图2-24　福寿螺

农业防治：每亩可放养中华鳖60～70只；施茶籽饼3～5 kg/亩，幼螺期直接施于耕好的田块或排水沟，施后田中保持有5 cm左右的水层，时间约为7天，杀螺效果最佳。

化学防治：用80%四聚乙醛可湿性粉剂1 000倍液，于成螺期喷雾防治。

第七节 莲藕的采收留种

一、采收

青荷藕采收：宜在主藕形成3～4个膨大节间时开始采收嫩藕（青荷藕）。时间为定植后90～100天，一般在7月采收。采收青荷藕的品种多为早熟品种，入泥较浅。在采收青荷藕前一周，宜先割去荷梗，以减少藕锈。

枯荷藕采收：当终止叶的叶背呈微红色、基部立叶叶缘枯黄时表明莲藕已基本成熟，成熟藕（枯荷藕）可以陆续采收至翌年萌芽前。采挖后的藕枝应完整、无明显伤痕。

目前莲藕采收主要有人工采收、高压水枪系统辅助人工采收、莲藕采收机（俗称挖藕机）采收3种方式。人工采收时先将藕身下面的泥掏空，再慢慢将整藕向后拖出，较费力、效率低，莲藕商品性低（图2-25）；高压水枪辅助采收系统的应用在一定程度上提高了采收效率，需人工手持水枪冲刷泥土，劳动强度仍然较大，用高压水枪根据藕的走势，冲开两边泥巴即可，高压水枪系统辅助人工采收因成本相对较低、采收过程可控、效率高于人工采收等优势，成为目前莲藕采收的主要方式（图2-26）；采用船式挖藕机采收效率较人工采收和高压水枪辅助采收系统提高2倍，大幅度减轻了劳动强度，但需在藕池专用膜铺底栽培条件下应用，船式挖藕机采用高压喷头，将覆盖在藕上面的泥土冲掉，藕依靠浮力自动浮出水面，同时达到藕与泥分离的效果，水压可调节到合适压力，将损藕率降到最低，每小时能挖藕200 kg，挖藕效率非常高（图2-27）。

图2-25　人工采收

图2-26　高压水枪采收

图2-27　挖藕机采收

二、留种

种藕要在藕田中越冬。越冬期间，田里保持20 cm浅水，不能干燥、冻裂。第二年栽藕前挖出种藕，随挖、随栽，不要损伤碰断芽头，并选藕身端正、肥大、完整、先端有子藕、无病虫害、无伤痕的作种。连作藕田留种时，在采藕时，用采八留二的方法留种，即每采2 m宽留0.5 m宽不采，作为翌年种藕。

三、籽莲采收

1. 鲜食莲子的采收

当花托明显膨大且边缘稍有皱缩，莲子呈淡绿色，饱满充盈，种子内含有较多的水分，此时为鲜食莲子采摘适期。6月和9月，谢花后15～20天采收；7—8月，谢花后13～15天采收。清晨或傍晚采摘。采摘鲜食莲子，保留10～20 cm花柄，捆扎整齐放置阴凉处待售。当天采收当天销售。

2. 加工莲子的采收

莲子与莲蓬孔格稍有分离，莲子果皮呈浅褐色时采收。梅雨季节和伏季高温天气，每隔2天采收1次；秋季每隔3～5天采收1次。当天采收当天加工。采摘加工莲子，只摘下莲蓬，不带花柄。采摘时按顺序进行，漏采的老莲蓬应清理出莲田。

第八节　“三家村”手削藕粉制作技术

一、原料挑选

为保证出粉率，保证藕粉质量，加工时选用的原料应为外形整齐，粗细均匀，色泽正常，个体表面光滑洁净，无明显缺陷的新鲜成熟藕。

二、清洗

清洗的目的主要是去除原料表面的泥沙，是藕粉加工时的关键工段，关系到藕粉的纯度和口感（图2-28）。

三、粉碎

粉碎的目的就是破坏物料的组织结构，使微小的藕淀粉颗粒能够顺利地从藕中解体分离出来。

图2-28 清洗

四、浆渣分离

将藕浆中的纤维（藕渣）、灰分、斑点、脂肪等从藕浆中分离出去。

五、过滤

经3道过滤，分别为80目、100目、200目筛子过滤。以保证质地细腻，色泽好。

六、除沙

进一步去除物料中的泥沙。

七、除浮粉

为将藕淀粉中的非淀粉成分完全分离出去，需要对淀粉浆进行浓缩，从而使最后一级旋流器排出的淀粉乳浓度达到23波美度，白度和纯度达标。

八、沉淀

对进行过滤后的藕汁进行沉淀，沉淀2 h左右去水，剩下的就是藕粉。

九、手工削片

“削片”这一工艺是技术性最强的一环，需要用手中锋利的刀刃，将粉团削成“鹅毛雪片”一般的粉片，手削的粉片要厚薄均匀，大小形状一致，还有银光色泽。削好的薄片，最后必须完全晒干，以保持其本色，否则会变色降级，这便是三家村手削藕粉区别于外地藕粉的独到之处（图2-29）。

图2-29　手削

十、计量包装

经干燥后的藕粉，按照标准称量包装，即成为商品藕粉。

目前“三家村”藕粉制作实现了现代产业先进技术与传统技术完美结合。因手削藕粉在杀菌消毒方面相对较差，为此在清洗、粉碎、浆渣分离、过滤、除沙、除浮粉环节应用现代生产工艺，沉淀、手削、干燥环节应用传统工艺（图2-30）。保持了“三家村”藕粉的原状、原汁、原味，同时达到了省工节本，提高了加工效率，提高了产品质量。

图2-30　藕粉干燥

第三章

梭子茭白

第一节 梭子茭白的历史文化

茭白，又称菰，禾本科菰属植物中的一个种，多年生草本植物，生长适温10～25℃，不耐寒冷和高温干旱。茭白植株被菰黑粉菌寄生并分泌激素，营养茎膨大而成变态器官肉质茎，即茭白。茭白是我国的特色蔬菜，主要分布在江浙一带，是“江南三大名菜”之一。

《礼记》记载：“食：蜗醢而菰食”。菰食就是菰米饭，可见周代已用茭白的种子为粮食。《周礼》中将“菰”与“黍”“麦”“稻”“菽”“粱”并列为“六谷”。古代主要采食其籽粒，作为粮食作物栽培，后来“菰”受到菰黑粉菌的寄生，植株便不能再抽穗开花，转而茎尖形成畸形肥大的菌瘿，古称“茭郁”。菰黑粉菌为真菌，担子菌亚门。早在西周时期，人们发现这种菌瘿细嫩可食，是一种美味的蔬菜。

《尔雅》记载：“遽蔬似土菌生菰草中。今江东啖之甜滑”。《尔雅》成书于秦汉间，可见当时除用茭白种子为粮食外，已用茭白为菜。

据南宋罗愿所著《尔雅翼》解释：“今又菰中生菌如小儿臂，尔雅谓之遽蔬者”。又说：“菰首者菰蒋三年以上，心中生薹如藕，至秋如小儿臂。大者谓之茭首，本草所谓菰根者也，可蒸煮，亦可生食。其或有黑缕如黑点者，名‘乌郁’”。唐代末期，水稻开始在我国大面积种植，成为人们的主食。在此之后茭草就很少采籽而食，以致从谷物中逐渐分离，成为一种具有特殊风味、丰富营养的蔬菜，古称雕胡、茭笋。茭白从唐代开始被人们广泛种植，而茭白的种子是我们的六谷之一，后来人们发现，有些菰因感染上菰黑粉菌而不抽穗，且植株毫无病象，茎部不断膨大，逐渐形成纺锤形的肉质茎，外披绿色叶鞘，内呈三节圆柱状，色黄白或青黄，肉质肥嫩，纤维少，蛋白质含量高。

梭子茭白为杭州市临平区地方品种，也被称作“纡子茭”。因茭白成熟时形状似纺车上的梭子，故名。是浙江最有名的茭白品种。属于双季茭白，一年采收两次，分别是当年秋季和翌年夏季，因肥大、脆嫩、纯白而著称，享有“素中之荤”的美名。梭子茭白在宋末元初吴自牧著的《梦粱录》中有记述，杭州菜市有茭白出售。大运河临平段的崇贤区域地势宜于茭白生长，因此，崇贤茭白在杭嘉湖一带较有名气，质量也上乘，是夏秋蔬菜中的佳品。我国现有很多茭白品种由母种梭子茭白培育而来（图3-1）。

图3-1　茭白

临平区茭白栽培历史悠久，主要分布在崇贤、塘栖、星桥等镇街，其中以崇贤栽培面积最大。1988年，种植面积313.3 hm^2。2000年，临平、星桥、崇贤实施茭白大棚栽培试验获得成功，所产茭白比露地栽培提早25天上市，亩增收1 800余元。2001年6月，注册“崇贤”牌茭白商标。2003年，崇贤镇崇贤村建立余杭区特色农业示范园区——崇贤茭白示范园区，面积1 080亩；2005年，区内7 000亩茭白通过浙江省无公害农产品基地认证，“崇贤”牌茭白被认定为国家无公害农产品。目前临平区茭白种植面积8 800亩左右。

崇贤茭白的品种与栽培方式都很独特。育苗在谷雨前后，移栽在立秋前后，10月中旬开始陆续采收第一批茭白，称“秋茭”；翌年立夏蚕事正忙时，开始陆续采收第二批茭白，俗称“夏茭”（或蚕茭）。

茭白有野、家之分，野茭白多生长在湖泊中，家茭白种于水田、池塘、河沟旁。崇贤除绝大多数家茭白外，也有少量野茭白存在。茭白的可食部分是它的肉质茎，这是茭草感染菰黑粉菌后“病变”的结果。据研究，这种菌能分泌吲哚乙酸类生长激素，茭白一旦受到它的刺激，花茎就不能正常发育和开花结果，茎节会加速分裂并将养分集中，形成肥大的纺锤形肉质茎，这就是餐桌上食用的茭白。

第二节　梭子茭白的实用价值

茭白的经济价值大，茭白营养丰富，富含多种氨基酸。据测定，每100 g茭白营养成分含量为热量23 kcal、钾209 mg、磷36 mg、胡萝卜素30 μg、镁8 mg、碳水化合物5.9 g、钠5.8 mg、维生素A 5 μg、维生素C 5 mg、钙4 mg、膳食纤维1.9 g、蛋白质1.2 g、维生素E 0.99 mg、烟酸0.5 mg、锰0.49 mg、硒0.45 μg、铁0.4 mg、锌0.33 mg、脂肪0.2 g、铜0.06 mg、维生素B_2 0.03 mg、维生素B_1 0.02 mg。含有17种氨基酸，其中苏氨酸、甲硫氨酸、苯丙氨酸、赖氨酸等为人体所必需的氨基酸。茭白茎质细嫩，纤维少，风味佳，入口清爽而有韵。崇贤茭白可与著名的无锡茭白相媲美，肉质细糯，无论是蒸、炒、炖、烹，都又嫩又糯又香。但要提醒的是，茭白富含草酸，会破坏人体对钙质的吸收，故不宜多食。

茭白有清热解毒、利尿通淋、降血压的作用，还能软化皮肤表面的角质层，使皮肤润滑细腻。临床应用中发现茭白还有解暑、提高人体的免疫力、预防癌症的作用。另外，茭白含较多的碳水化合物、蛋白质、脂肪等，能补充人体的营养物质，具有健壮机体的作用。

第三节 茭白的品种特性

茭白为禾本科多年生水生宿根植物。株高1.6～2.0 m，有叶5～8片，叶由叶片和叶鞘两部分组成。叶片与叶鞘相接处有三角形的叶枕，称“茭白眼”。叶鞘自地面向上逐层左右互相抱合，形成假茎。茎可分地上茎和地下茎两种，地上茎是短缩状，部分埋入土中，其上发生多数分蘖；地下茎为匍匐茎，横生于土中越冬，其先端数芽翌年春萌生新株，新株又能产生新的分蘖。由于茭白植株体内寄生着黑穗菌，其菌丝体随植株的生长，到初夏或秋季抽薹时，主茎和早期分蘖的短缩茎上的花茎组织受菌丝体代谢产物——吲哚乙酸的刺激，基部2～7节处分生组织细胞增生，膨大成肥嫩的肉质茎（菌瘿），即食用的茭白。雄茭是指少数植株，抗病力特别强，黑穗菌的菌丝不能侵入，不能形成茭白，至夏秋花茎伸长抽薹开花的植株。灰茭是指部分植株过熟后或菌丝体生长迅速，致茭白内部已充满黑褐色的孢子，致使品质恶劣，不能食用。雄茭中心抽薹高出雌茭之上，较易识别，宜及时连根拔除，不可留根株于土中。

茭白根系发达，需水量大，适宜水源充足、灌水方便、土层深厚松软、土壤肥沃、富含有机质、保水保肥能力强的黏壤土或壤土。适宜pH值为6.0～7.0，要保证土壤的pH值在这个范围内。平原地区种植双季茭白为多，双季茭白对日照长短要求不严，对水肥条件要求高，而温度是影响孕茭的重要因素。临平区主要种植梭子茭白和崇茭一号，少量种植龙茭2号、浙茭7号等。

一、梭子茭白

双季茭白品种，茭肉形状短粗，中间粗大，两头较尖，形如纡子，故名。梭子茭又分白壳半大种和紫壳大种，前者为早熟品种，肉质白嫩，品质好，产量相对低；紫壳大种为晚熟品种，品质中等，产量较高。当地以种植白壳半大种为主。秋茭株高200～230 cm，叶片长130～150 cm、宽3.5～4.5 cm，叶鞘长50～60 cm。肉质茎光滑洁白，肉质茎长15～20 cm、粗3.8～4.3 cm，单茭重80～100 g。收获两季，当年10—11月采收一季，称秋茭，亩产量1 250～1 750 kg；翌年5—6月采收一季，称夏茭（或蚕茭），亩产量2 000～2 500 kg（图3-2）。

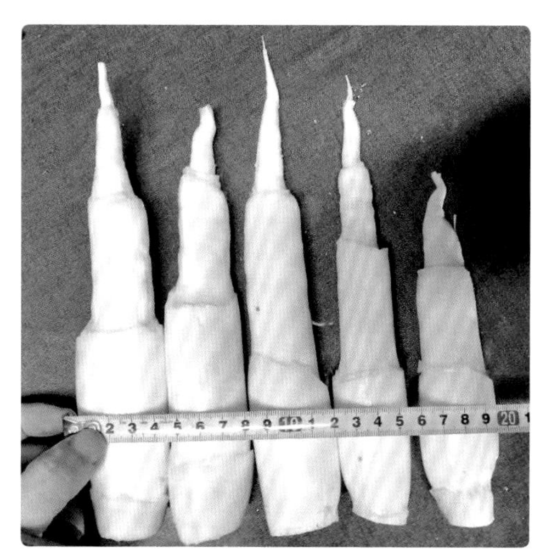

图3-2　梭子茭白

二、崇茭1号

崇茭1号是临平区崇贤街道农业公共服务中心、浙江大学农业与生物技术学院等单位从当地“梭子茭白”变异株系中选育而成的双季茭白品种。秋茭亩产1 500 kg，夏茭亩产可达3 000 kg。该品种分蘖能力强，夏茭5月中下旬采收，秋茭10月底至12月中旬采收。秋茭平均株高1.9 m，夏茭平均株高1.8 m。秋茭单茭重123 g、长约23.3 cm、粗约4.4 cm。茭体膨大以4节居多，隐芽白色，表皮白色光滑，肉质细嫩，商品性佳。耐低温性好（图3-3）。

图3-3　崇茭1号

三、龙茭2号

由桐乡市农业技术推广服务中心和浙江省农业科学院共同选育，为双季茭白品种。秋茭平均壳茭重141.7 g，净茭重89.1～101.2 g，茭肉长21.3～22.6 cm，粗3.87～4.37 cm。秋茭10月底开始采收，11月底至12月初采收结束，每亩产壳茭1 500 kg左右。夏茭平均壳茭重151.9 g，净茭重105.3～113.3 g，夏茭茭肉长17.8～20.9 cm，粗4.47～4.04 cm。夏茭每亩产壳茭3 000 kg左右（图3-4）。

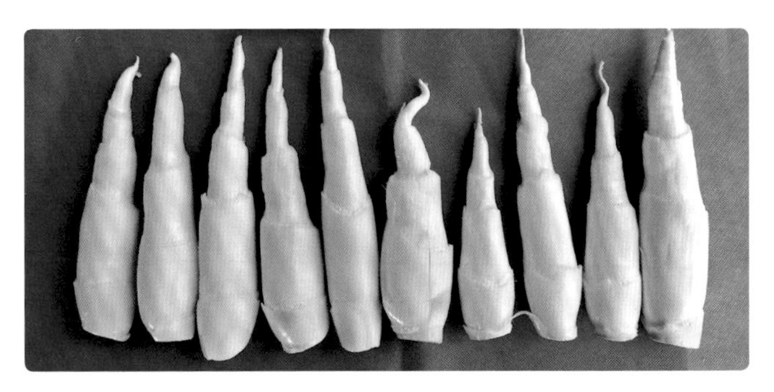

图3-4　龙茭2号

四、浙茭7号

浙茭7号属夏季早熟、秋季早熟的双季茭白品种，孕茭适温18～28℃，植株较高大、紧凑。秋季植株平均高169.4 cm，叶鞘平均长49.3 m，平均宽3.28 cm，平均每墩有效分蘖数12.9个，夏季植株平均高165.6 cm。叶鞘平均长43.2 cm，宽3.80 cm。正常年份，9月下旬到10月中旬采收秋季茭白，比梭子茭白早3～5天；4月底至6月初采收夏季茭白，比梭子茭白早5～7天。秋季平均壳茭质量132.7 g，平均净茭质量97.8 g，平均肉质茎长23.22 cm，平均粗3.52 cm，平均产量1 368 kg/亩；夏季平均壳茭质量135.6 g，平均净茭质量98.2 g，平均肉质茎长24.47 cm，平均粗3.67 cm，平均产量2 718.8 kg/亩。肉质茎3～5节，隐芽白色，表皮光滑洁白，肉质细嫩，灰茭极少，商品性佳（图3-5）。

图3-5　浙茭7号

第四节　茭白栽培技术

一、播种

1. 田块选择

选择地势平坦、排灌方便、土地肥沃的田块，达到田平、泥烂的要求。

2. 基肥

结合机械翻耕深度30～40 cm，每亩施商品有机肥300 kg或农家肥1 000 kg，复合肥（25-10-16）25 kg或（18-8-10）30 kg，硼锌肥1.5 kg。

3. 秧苗选择

选取株形整齐、抗性强、无雄茭灰茭、孕茭率高、茭肉肥大、结茭部位低且成熟期整齐的茭墩作种苗。

4. 定植

春季定植时间：3月下旬至4月上旬。当茭苗高20 cm左右、水田土温10℃以上时即可移苗定植。如茭苗过高，可剪去叶尖，使苗高保持在25～30 cm，定植深度15 cm左右，防止栽后倒伏。定植密度行距100 cm、株距80 cm，每墩定植2～3苗，每亩定植830墩左右（图3-6）。

秋季定植时间：7月上中旬，在阴天或傍晚时进行。定植深度15 cm左右，定植密度行距100 cm、株距80 cm，每墩定植1～2苗，每亩定植830墩左右。

图3-6　定植

二、施肥

茭白产量高，对氮、钾的需求量相对较多，对磷的需求量相对较少，植株对钾的吸收高峰在分蘖期，对氮、磷的吸收高峰在孕茭膨大初期。缺磷主要影响茭白的形成和膨大，而缺钾不仅影响植株生长，也明显影响茭白的膨大。同时，磷和钾有很强的协同效应，即磷肥和钾肥的效应只有在同时充足时才能发挥。施肥原则为“控氮”“减磷”“增钾”。

1. 秋茭追肥

秋茭追肥分3次，在缓苗后至分蘖期，每亩施尿素5～10 kg；间苗后施壮杆肥，每亩施复合肥（25-10-16）30 kg或复合肥（18-8-10）45 kg；孕初期施孕茭肥，每亩施复合肥（25-10-16）25 kg或复合肥（18-8-10）30 kg。

2. 夏茭追肥

夏茭追肥分3～4次，2月中下旬施发棵肥，每亩施尿素5～10 kg，钙镁磷肥10～15 kg；3月下旬至4月上旬间苗后施壮杆肥，每亩施复合肥（25-10-16）30 kg或复合肥（18-8-10）40 kg；4月下旬至5月上旬孕茭初期施孕茭肥，每亩施复合肥（25-10-16）25 kg或复合肥（18-8-10）30 kg。后期看苗情，每亩施复合肥（25-10-16）5～10 kg。

夏季茭白实行地膜覆盖的，施肥时间整体提前15天左右。

三、大田管理

1. 耘田间苗

茭白定植成活后应及时耘田去除杂草，耘田时要由近及远，以防伤害分蘖苗。茭白出苗至苗高15 cm时开始疏苗，疏去弱苗、小苗及过密丛苗、游茭苗，每墩留30～35株健壮苗，以提高孕茭应及时间苗，除去并控制每墩苗数，每亩有效分蘖苗18 000～25 000株。在茭白分蘖后期，株丛拥挤，应及时摘除植株基部的老叶、黄叶，以促进通风透光，促进孕茭，隔7～10天摘黄叶1次，共摘2～3次，将剥下的黄叶随时踏入田泥中，用作肥料。同时清除雄茭、灰茭、变异茭及病株，带出田间销毁。孕茭后及时壅土，将植株四周泥土用手或工具驱向植株基部，促使茭白采收时白而嫩（图3-7）。

图3-7　间苗

除残株：在12月茭白地上部枯死后割除残株，割口与泥面齐平。

2. 水位控制

秋茭浅水定植至植株返青期间保持10～15 cm水位；分蘖前中期保持3～5 cm水位，分蘖后期控制在10～12 cm水位，植株封行后及时搁田，高温及孕茭期控制在15～20 cm水位，采收期控制在10～20 cm水位。

翌年夏茭出苗期保持田水湿润，分蘖前中期控制在2～3 cm浅水位；分蘖后期至孕茭期间控制在10～15 cm水位；植株封行后及时搁田，采收期控制在15～20 cm深水位。追肥和施药等田操作时应控制在浅水位，3天后逐渐恢复水位。

四、茭田套养

1. 茭白-鸭子套养

在每亩茭白地中放养家鸭10～12只，鸭子在茭白植株间自由觅食，取食杂草、害虫和福寿螺，排泄的粪尿成为茭白的肥料，这样既可减少化肥用量，又消灭了一些害虫与杂草，减少治虫除草次数。不仅如此，由于鸭子不断搅浑田水，相当于耘田，增加了土表氧气，促进茭白新根生长和提前分蘖，从而形成茭鸭相互依存、共同生长发育的复合生态效果（图3-8）。

图3-8　茭白-鸭子套养

2. 茭白-甲鱼套养

每亩茭田放养甲鱼40～60只，能解决茭白生产过程中的福寿螺危害，使福寿螺变害为宝成为甲鱼的饲料，甲鱼排泄物又是茭白的有机肥料，该模式既解决了福寿螺的危害又可以套养甲鱼，实现提高效益，一地两用，生态循环的目的（图3-9）。

图3-9　茭白-甲鱼套养

五、大棚设施栽培

应用大棚双层膜覆盖技术，茭白采收期可提早20～30天。在12月中下旬完成搭棚盖膜。双层膜覆盖栽培的大棚标准为6 m或8 m钢架大棚，中立柱高2.5～3.0 m，档间距60～70 cm，搭建长度一般为60～70 m，棚间距1.5 m，南北走向为宜；或宽5～6 m、高2 m左右的简易大棚。在12月底前后搭建好大棚和中棚架子，12月底扣上双层棚膜，一般外层为6 mm无滴长寿膜，内膜为1.5 mm无滴膜。内膜离地面25 cm左右，但极端低温时也要放置水下。当新生幼苗高达30 cm左右时疏苗，每墩留苗35株，苗高40～60 cm时定苗，留苗30株/墩。当苗高1 m左右，棚内温度高于20℃时，棚架两头通风，进行炼苗；天气晴好，棚内温度超过30℃时，揭边膜通风。当大棚内温度达到35℃产生烧苗时，需加大通风降温程度，碰到连续阴雨天也要开窗通风，有利壮苗，防止徒长，减少无效小苗，提高孕茭率。2月底至3月初用12.5%烯唑醇可湿性粉剂2 000倍液喷雾防病，孕茭期间禁用农药。4月中旬前后揭膜。其余管理与露地管理相同（图3-10）。

图3-10 大棚栽培

第五节 茭白病虫害防治技术

一、茭白主要病害

茭白主要病害有锈病、黑粉病、胡麻斑病和纹枯病。

1. 锈病

茭白锈病由担子菌亚门真菌，茭白单胞锈菌侵染引起。病菌以菌丝体及冬孢子在茭白老株病残体上越冬，并成为翌年病害的初侵染源。病菌喜高温潮湿的环境，最适发病温度为25～30℃，相对湿度为80%～85%。通常天气高温多湿、连作田块的茭白锈病发生重。植株下部的茎叶发病早且重。偏施氮肥、生长茂密、通透性差的茭田发病重。浙江茭白一般在5月上旬开始发病，春雨多的年份病害易流行。主要发病期6—9月，多发生在分蘖期至孕茭期。茭白锈病主要为害叶片，开始在叶片及叶鞘上散生黄褐色小斑点，稍隆起，随着病害的发展，黄褐色隆起疱状斑越来越多，受害叶面积增大，叶片上疱状斑破裂，散出锈色粉状物，后期叶片、叶鞘上产生黄褐色疱斑，严重时连成条状疱斑，表皮不易破裂。终致叶片、叶鞘干枯，影响茭白的生长而减产（图3-11）。

图3-11　锈病

农业防治：合理轮作，选择无病田块留种；清洁田园，冬前割茬时，尽量做好田园清洁工作，残株、叶带出田外处理，减少老叶残留量；加强田间管理，冬施腊肥，春施发苗肥，增施腐熟有机肥，不偏施氮肥，促进茭白生长，提高抗病力。

化学防治：在发病初期开始喷药，用药间隔期7～10天，连续防治2～3次，轮换用药。选用30%苯醚甲环唑·丙环唑乳油2 000倍液，或20%苯醚甲环唑微乳剂1 500～2 000倍液，或400 g/L氟硅唑乳油5 000～6 000倍液，或12.5%烯唑醇可湿性粉剂2 000倍喷雾进行防治。

2. 黑粉病

茭白黑粉病由担子菌亚门黑粉菌目茭白黑粉菌感染所致，俗称灰茭、灰心茭（图3-12）。是茭白常见的病害之一。茭肉受害后无食用和商品价值，对产量影响较大。病菌以菌丝体附着在种茭上越冬。在环境条件适宜时，越冬菌丝体发育产生厚垣孢子，侵入嫩茎到达生长点，茭白抽薹后，严重时茭肉被厚垣孢子所充满。病菌喜温暖高湿的环境。适宜发病的温度范围为20～35℃；最适宜的发病温度为25～32℃，相对湿度90%以上（由于是水生作物，湿度条件始终能满足）；最适感病生育期为分蘖期至成株期。病害潜育期15～40天。形成孢子囊的适宜温度为

13～18℃，日平均气温在15℃期间最易引发病害。浙江地区茭白黑粉病的主要发病盛期在4—9月。病害的发生主要是由种茭带菌侵染，发病轻重与栽培管理的关系密切，应加强管理控制分蘖过多，防止缺肥。不同的生育期调节适宜的灌水深浅，灌水不当的田块发病重。茭白黑粉病为系统性病害，染病后整株生长势减弱，症状具体表现为叶片增宽，叶色偏深，呈深绿色；叶鞘表现为由绿变深，呈黑褐色，由于叶鞘组织的破坏，将不再开裂；茭肉表现出生长减慢，变短，发病严重时，剖开茭肉，可见内部充满灰黑色至黑褐色长椭圆形球斑及粉末，即病菌的孢子堆。

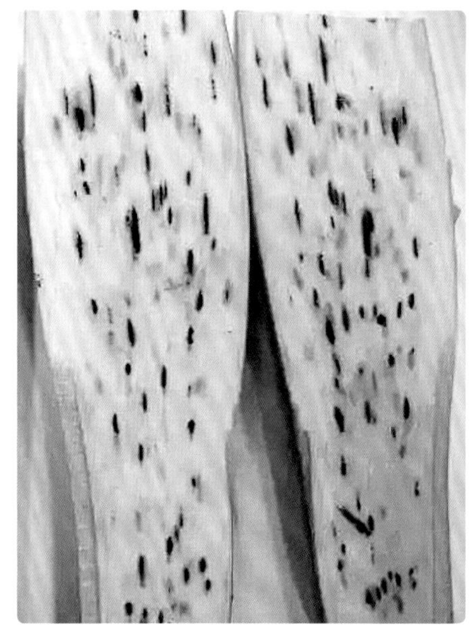

图3-12　黑粉病

农业防治：选择无病田块留种，使用优良品种。加强田间管理，春季要割老墩，压茭墩，降低分蘖节位；在老墩萌芽初期疏除过多分蘖，使养分集中，萌芽整齐。分蘖前期灌浅水，适当增加施肥量，促进分蘖生长。高温季节控制追肥，防止徒长，灌深水来抑制后期分蘖。清洁田园，夏、秋季摘除黄叶，冬前割茬时，做好田园清洁工作，将老叶和残株带出田外深埋或烧毁，减少老叶残留量。

化学防治：在发病初期及早喷药，用药间隔期7～10天，连续防治3～4次。选用农药与锈病同。

3. 胡麻斑病

茭白胡麻斑病由半知菌亚门真菌，菰长蠕孢菌侵染所致，俗称茭白叶枯病（图3-13）。主要为害叶片，也能为害叶鞘。病菌以孢子及菌丝体附着在老病株上或残留病叶遗留在田间越冬。第二年春暖后，越冬的病菌产生分生孢子，靠雨水传播为害新叶，引起初次侵染。新叶病部产生的分生孢子靠雨水再反复传播引起大量发病。病菌喜高温潮湿的环境，适宜发病的温度范围为15～37℃，最适发病温度为25～30℃，相对湿度85%左右；最适感病生育期为成株期、采收期；发病潜育期5～7天。浙江地区茭白胡麻斑病的主要发病盛期在6—9月。梅雨期、夏秋季多雨的年份发病重，连作地、缺肥的田块发病重，栽培上种植过密、通风透光差的田块发病重。

图3-13　胡麻斑病

叶片染病，发病初始产生褐色小点，扩大后为褐色椭圆形病斑，大小如芝麻粒，故称为胡麻斑病，有时病斑似纺锤形或不规则形，病斑边缘明显，深褐色，周围还可出现黄色晕圈。发病严重时，单张叶片上病斑可多达数百上千个，并由许多病斑联合形成大型不规则的斑块，致使叶片干枯。

叶鞘染病，呈褐色椭圆形病斑，或似纺锤形或不规则形，但病斑较大，数量少，仅发生在叶鞘上部。多雨潮湿时，叶片和叶鞘病部产生黑色霉层，即病菌的分生孢子。

农业防治：选择无病田块留种；清洁田园，冬前割茬时将残株带出田外深埋或烧毁，减少病叶残留量；不偏施氮肥，促进茭白生长，提高抗病力。

化学防治：在发病初期开始喷药，每隔7～10天喷1次，连续喷雾防治2～3次，重病田视病情发展，必要时可增加喷药次数。

农药选用20%井冈霉素可湿性粉剂1 000倍液，或2%春雷霉素水剂500倍液，或25%吡唑醚菌酯乳油剂2 000倍液，或异菌脲悬浮剂1 000倍液，或30%苯醚甲环唑·丙环唑乳油2 000倍液，或20%苯醚甲环唑·咪鲜胺3 000倍液喷雾防治。

4. 纹枯病

茭白纹枯病由半知菌亚门真菌，立枯丝核菌侵染所致。是茭白的主要病害（图3-14）。病菌主要以菌核遗落在土中，或以菌丝体和菌核在病残体或田间其他寄主及杂草上越冬，成为病害的初侵染源。再侵染主要靠田间病株产生病菌借菌丝攀缘，或以菌核借流水传播。病菌生长温度10～40℃，适温28～32℃。高温多雨有利发病。田间遗落的菌核数量多，天气高温潮湿，或茭田长期深灌、偏施氮肥，病害发生严重。主要发病盛期在5—9月。

茭白纹枯病主要为害叶片和叶鞘。叶片和叶鞘染病，发病初始在叶片上出现圆形至椭圆形的深绿色病斑，扩大后在露水干后中央呈草黄色，潮湿时呈墨绿色，边缘深褐色，病、健分界出现明显的云纹斑状不规则形病斑。发病严重时在病部可见菌丝或小型菌核。

图3-14 纹枯病

农业防治：合理轮作，选择无病田块留种；清洁田园，冬前割茬时，尽量做好田园清洁工作，将残株、残叶带出田外处理，减少老叶残留量；加强田间管理，冬施腊肥，春施发苗肥，增施腐熟后的有机肥，不偏施氮肥，促进茭白生长，提高抗病力。

化学防治：在茭白分蘖中后期的发病始见期开始用药，防治间隔期7～10天，连续防治3～5次。选用30%苯醚甲环唑·丙环唑乳油2 000倍液，或15%井冈霉素A可溶性粉剂1 500～2 500倍液，或10%井冈·蜡芽菌悬浮剂500～600倍液，或20%井冈·三环唑悬乳剂1 000倍液，或240 g/L噻呋酰胺悬浮剂（防治间隔期20～30天）1 200～1 500倍液等喷雾防治。

以上4种病害均不能使用戊唑醇、已唑醇、三唑酮等易对茭白产生药害的化学药剂。

二、茭白主要虫害

茭白主要害虫有飞虱和螟虫。

1. 飞虱

长绿飞虱是茭白的主要害虫，属同翅目飞虱科，成虫体长（连翅）5～7 mm，雌体黄绿色，雄体翠绿色，体表均具油状光泽，头顶尖而长，突出在复眼前。翅半透明，前翅末端尖长，雌虫外生殖器常分泌白绒状物。一年发生5代，只为害茭白，是单食性害虫。以成、若虫刺吸叶片汁液，喜聚集在心叶和倒二叶上为害，严重时茭白全株枯黄，叶片卷曲枯死，并助长胡麻斑病、锈病的发生。以卵在茭白枯叶、枯鞘中越冬，翌年3月底至4月初孵化。第二和第五代是主害代，第三、第四代受高温气候影响，发生和为害相对较轻（图3–15）。

图3–15　长绿飞虱

灰飞虱属同翅目飞虱科，成虫长翅型体长（连翅）4～5 mm，短翅型体长（连翅）2.4～2.6 mm，具翅斑。雄虫体呈黑褐色，雌虫呈淡黄色，头顶稍突出，额呈黑褐色。雄虫中胸背板为黑褐色，仅后缘呈淡黄色，雌虫则中部呈淡黄色，两侧色较深。年发生5～6代，世代重叠较严重。以3、4龄若虫在麦田中越冬为主，也可在沟边的禾本科杂草上越冬。第一代主要为害越冬寄主；第二代起迁飞扩散到茭白田为害；第二和第五代是主要为害代，第三和第四代受高温气候影响，发生和为害相对较轻（图3–16）。

图3–16　灰飞虱

农业防治：茭白采收结束后，及时清除病残叶及田间杂草，集中烧毁；与非禾本科作物实行合理轮作，最好是水旱轮作，破除连作障碍。在越冬卵孵化前，老茭白田灌溉深水，将残株浸入水中3～5天，可淹杀大部分虫卵，降低越冬虫口密度。

物理防治：按15～20片/亩悬挂黄粘板诱杀飞虱；按20～30亩安装一盏杀虫灯，诱杀飞虱及其他害虫。

化学防治：长绿飞虱繁殖力强，在越冬卵大部分孵化未扩散前进行施药，以老茭田、野生茭为防治重点，压低虫口密度，保护新茭。飞虱常与茭白二化螟同期发生，用药防治时可适当兼治。

1～3龄若虫高峰期用药，防治间隔期7～10天，连续喷雾防治2次左右。选用24%螺虫乙酯悬浮剂3 000～4 000倍液，或10%吡虫啉可湿性粉剂1 500倍液，或40%啶虫脒水分散粒剂3 000～4 000倍液，或25%吡蚜酮可湿性粉剂2 000倍液，或25%噻虫嗪水分散粒剂2 000倍液等药剂。

2. 螟虫

临平区为害茭白的螟虫有二化螟和大螟。二化螟属鳞翅目螟蛾科，俗称钻心虫，是茭白上的主要害虫，一般年发生3～4代，5月中旬和9月发生严重；大螟属鳞翅目夜蛾科，茭白常见害虫，一般年发生3代，以5月中下旬第一代发生严重。均以幼虫在茭墩残株上越冬。1龄幼虫先自叶鞘蛀入，造成叶鞘枯黄，2～3龄蛀入茎秆，咬食茭心，茭田出现大量植株枯心和虫伤株（图3-17）。

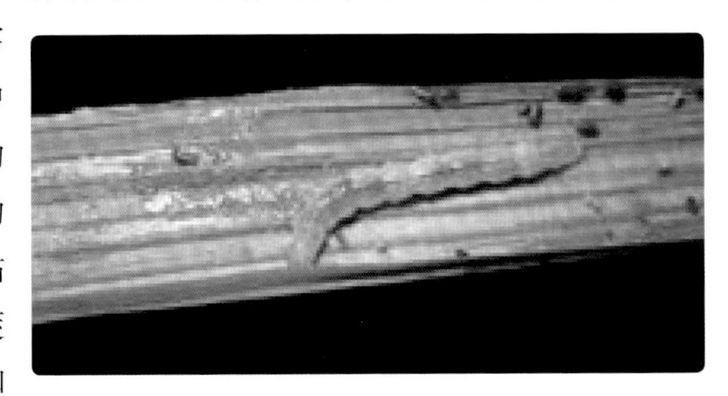

图3-17　螟虫

农业防治：清洁田园，清除茭白田内外遗留虫株，铲除田边杂草，以减少虫源；灌深水灭虫，茭白秋前灌小水，让幼虫转移到植株下部过冬，在冬季前翻耕灌水，压低越冬虫源基数；老茭白田在春暖后（清明至谷雨），当气温达到18℃以上时灌深水（17～20 cm）7天左右灭蛹，可减少越冬虫源。

物理防治：利用杀虫灯诱杀害虫。7—10月，每2～3 hm^2设杀虫灯一盏。对大螟、二化螟、长绿飞虱等害虫均有效，可以降低田间落卵量，压低虫口基数，控制害虫抗药性的产生（图3-18）。

图3-18　太阳杀虫灯及性诱剂

生物防治：应用性诱剂诱杀。性诱剂诱杀技术是利用害虫的性生理作用，通过诱芯释放人工合成的雌性信息素引诱雄蛾至诱捕器，杀死雄蛾，达到减少虫量防治虫害的目的。可以使用专一性诱剂诱杀二化螟、大螟等，诱捕器距离作物叶面30 cm，每亩布置2～3个。每隔15～20天换诱芯。

应用天敌杀虫：在二化螟成虫高峰期开始释放螟黄赤眼蜂、稻螟赤眼蜂等寄生蜂，每代间隔5天，释放1～3次，每亩1次释放5 000只。

化学防治：第一、第二代是防治关键期。选用150 g/L茚虫威悬浮剂3 000倍液，或60 g/L乙基多杀菌素悬浮剂2 000倍液，或50 g/L虱螨脲乳油800～1 000倍液，或5%氯虫苯甲酰胺悬浮剂1 500倍液喷雾进行轮换防治。

茭白害虫还有蓟马、蚜虫。可用色板诱杀，每亩平均放置20～30片黄粘板；农药可用10%吡虫啉可湿性粉剂1 000～1 500倍液，或3%啶虫脒乳油1 500～2 000倍液，或25%吡蚜酮可湿性粉剂2 000倍液等，可有效控制害虫的为害程度。

茭白还受到福寿螺为害，防治方法与莲藕同。

第六节　茭白的采收及冬季管理

秋茭当叶鞘基部两侧因肉质茎的膨大而被挤开，茭肉露出1.0～1.5 cm时，即可采收。夏茭当茭株心叶缩短，基部膨大呈塔形，茭肉露出0.5～1.0 cm时，即可采收。采收时在薹管处拧断或用刀采收，注意不要损伤其他分蘖。秋茭每2～3天采收1次，夏茭每1～2天采收1次。采收过早，肉质茎没有完全膨大，产量低；采收过晚，肉质茎会变青，肉质变老，质量下降。采收后削除薹管，剪除叶片，留叶鞘40 cm，整理打包（图3-19）。

图3-19　采收

壳茭放在清水中可以贮藏1周，放在冷库中可贮藏2个月。

采收完毕后，放干田水，保持湿润即可，地上部分经霜冻枯死后，齐泥割去枯死的茭白植株，清理田间杂草，集中焚烧，降低来年病虫害的发生概率。留种于茭田中越冬，并拔除雄茭、灰茭、混杂变异株。

第七节 茭白秸秆资源化利用技术

茭白秸秆资源化利用技术就是将茭白生产中产生的秸秆经过覆盖直接利用或粉碎堆制发酵达到无害化后以有机肥的形式进行还田利用的一项技术。目前有3种利用方式。

一、果蔬园覆盖利用

果蔬园覆盖利用是茭白秸秆最简单的利用方式，主要是将茭白秸秆收集运输至果园进行覆盖，在调节地表土壤温度和水分、抑制杂草生长的同时，逐渐腐化转变为有机肥料被果蔬作物吸收利用（图3-20）。

图3-20　果蔬园覆盖

1. 秸秆覆盖

可用茭白秸秆对果树或部分瓜类蔬菜行间和株间进行覆盖，覆盖厚度均以20 cm左右为宜，尽量做到秸秆覆盖均匀，同时，待秸秆铺设完毕后，最好喷洒一次尿素液，以满足微生物分解秸秆对氮素的需求，尿素用量以10 ~ 15 kg/亩为宜。

2. 覆土压埋

结合园内开沟等措施，在覆盖好的秸秆上面撒上一层薄土（2 ~ 3 cm），用于压埋秸秆，防止风刮，并有利于秸秆腐烂。

二、堆肥还田利用

堆肥还田技术就是将生产过程中产生的茭白秸秆进行一定的堆制发酵处理，达到无害化后，以有机肥料的形式回归土壤，用于改善土壤结构、提高土壤肥力的一项技术。

1. 收集

在茭白采收季节，将新鲜的茭白秸秆收集起来，选择相对背风的场所堆放（图3-21）。

图3-21　收集

2. 粉碎

利用秸秆揉丝机将新鲜茭白秸秆粉碎成5 cm左右的草段，以利于腐烂；在运行中，投料要均匀以防堵塞机器（图3-22）。

图3-22　粉碎

3. 堆放处理

将粉碎的茭白秸秆一层一层堆放，每层厚度20 cm左右，最终堆成高度2.0 m左右的条垛，每堆放一层需要调节碳氮比和接种微生物菌剂（图3-23）。

图3-23 堆放处理

4. 接种微生物

在调节碳氮比的同时，添加秸秆腐熟剂均匀喷洒于秸秆表面，具体为每吨茭白秸秆用0.5 kg腐熟剂溶解稀释20倍（即10 kg菌液），均匀喷洒于秸秆表面（图3-24）。

图3-24 接种微生物

5. 调节碳氮比

秸秆堆肥中的碳氮比以25为宜，而茭白秸秆碳氮比一般在50左右，添加尿素等可调低碳氮比至合适范围。具体为每吨茭白秸秆用10 kg尿素溶解稀释10倍（即100 kg尿素液），均匀喷洒于秸秆表面（图3-25）。

图3-25 调节碳氮比

6. 发酵腐熟

堆制的茭白秸秆，要求保持含水量在55%～60%，经高温发酵，至体积缩小至一半左右、料堆温度从60℃左右高温恢复至室温时，表明已经发酵至完全腐熟（图3-26）。

图3-26　发酵腐熟

7. 管道输送还田利用

将堆置腐熟的茭白秸秆肥加水制成液体肥料通过管道输送至藕或茭白等田中进行还田利用，亩用量2 t左右（图3-27）。

图3-27　管道输送还田利用

三、农用资源化一体化设备利用

一体化设备处理有机废弃物种类多、适应性好、可控性优、处理方式灵活、效率高、可设计性强、产出物质量稳定、复配性好、使用效果有保证（图3-28）。

图3-28　一体化设备

1. 处理原理

为堆压旋切和模孔辊压快速纤维化，组合物理快速深度灭活，堆搅破壁释放养分快速增殖耐热菌，深度快速后酵熟。

2. 处理步骤流程

茭白等作物秸秆通过设备纤维化处理过程中同步制肥，生产出颗粒状成品有机肥料（图3-29）。

图3-29　一体机制肥

3. 处理优点

为一机多用，可以根据需要进行有机废弃物减量化、资源化（肥料化、基料化）处理以及多样废弃物复混等；设备自动化程度高，处理时间短，处理能力强；独有专用助剂，能提升产品品质和使用效果。

4. 处理产品多样化

（1）有机无机复混肥（秸混颗粒肥）。兼有机肥和无机肥的双重优势，不仅能增加土壤有机质、改善土壤理化结构和提高肥料利用率，同时还能满足当季农作物的养分需求，实现减肥增效（图3-30）。

图3-30　颗粒肥

（2）育苗基质材料。以秸秆等农业废弃物为原料进行加工生产，具有垫盖一体、全营养、比重合适的特点，解决一般基质需要添加营养土、育秧过程中追肥、育秧栽插漂秧的问题（图3-31）。

图3-31　秸秆肥

（3）土壤改良剂。将农作物秸秆复配成专用助剂、微生物菌剂等，按照配方进行加工生产，具有改变土壤团粒结构，增加土壤有机质，调节土壤酸碱度，增加土壤微生物数量，预防土传病害等优点。

第四章

崇贤慈菇

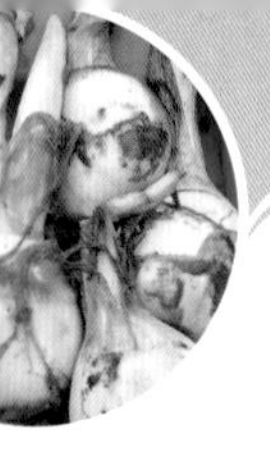

第一节 崇贤慈菇的历史文化

图4-1　慈菇

慈菇，又称剪刀草、燕尾草、蔬卵，属泽泻科慈菇属，是一种多年生草本植物（图4-1）。植株高大，叶丛生，基部有许多根须。根部附近生出纤细匍匐枝，秋后枝端膨大呈球茎。慈菇原产中国，早在唐代以前就开始种植，是中国特色蔬菜之一。《齐民要术》载有慈菇栽培方法。宋代《梦粱录》把慈菇列入主要物产之一。亚洲、欧洲、非洲的温带和热带均有分布。欧洲的慈菇多用于观赏，而中国、日本、印度和朝鲜种植慈菇主要是用作蔬菜。慈菇在中国分布于长江流域及其以南各省，太湖沿岸及珠江三角洲为主产区，北方有少量栽培。临平区种植慈菇历史悠久，慈菇是临平区的特色农作物之一，崇贤、塘栖等地有多年栽培历史。崇贤慈菇学名白玉慈菇，肉白色，和外地品种相比，白玉慈菇的口感更加蓬松甜糯。20世纪六七十年代，临平区所产的慈菇主要是销往上海、江苏一带，因为那里历来在过年时要做慈菇烧肉这道菜。同时是临平区农户的一种重要的经济作物，是农民的一项重要经济来源。1987年，临平区慈姑种植面积为4 200亩，2005年达到14 700亩，总产量2.05万t。目前全区种植面积3 000亩左右。2001年11月，注册“崇贤”牌慈菇商标。2003年，临平区农业局制定区地方标准《无公害慈菇生产技术规程》，通过标准化生产技术的推广，慈菇产量和质量都有极大的提高。大运河水系环绕的临平崇贤出产的尖头白藕、大红袍荸荠、白玉慈菇、纡子茭白4种水生蔬菜被村民并称为崇贤“四大美女”。

第二节　慈菇的实用价值

慈菇中各种营养素成分较为齐全，富含蛋白质、糖类、无机盐、维生素B、维生素C及胰蛋白酶等多种营养成分。每100 g球茎含淀粉66 g、蛋白质5.6 g、碳水化合物25.7 g。富含铁、锰、锌、铜、硒、维生素E和维生素C等，尤其是硒及维生素E的含量引人注目。其中每100 g球茎中含锌（Zn）0.35 mg、硒（Se）0.007 4 mg、铁（Fe）1.59 mg、铜（Cu）0.23 mg、锰（Mn）0.24 mg、维生素E 2.18 mg、维生素C 4.75 mg。

慈菇耐贮易运，可炒、煮、煎、炸，亦可制淀粉。慈菇与猪肉（或猪大肠）、大蒜、油炸豆腐等搭配，可加工成慈菇红烧肉、慈菇片炒瘦肉等酥香美味佳肴，是宴席上的名菜之一。

慈菇除了可作蔬菜食用外，还有很高的药用价值。慈菇性微寒，味苦，具有凉血止血、止咳通淋、散结解毒、和胃厚肠等功效，对主症为小便涩痛有血、血热、尿出灼热刺痛者疗效极佳；将慈菇捣烂与生姜汁调匀，涂敷于皮肤肿痛处，有消炎、退肿、止痛之效；慈姑所含的维生素B_1、维生素B_2能增强肠胃的蠕动，增进食欲，对于预防和治疗便秘有一定功效；慈菇含有多种微量元素，具有一定的强心作用，同时慈菇球茎味甘、涩、性微温，入肺、心经；可敛肺、止咳、止血，具有清肺散热、润肺止咳的作用。在南北朝陶弘景著的《名医别录》，李时珍著的《本草纲目》，孙思邈著的《千金要方》中都有相关记载。

第三节　崇贤慈菇的品种特性

慈菇是须根系，肉质，无根毛。茎分短缩茎、匍匐茎和球茎3种。短缩茎着生在土壤上层是慈菇地上部分和地下部分的连接处，须根和叶的出生地。腋芽萌动生长，入土为匍匐茎，每株有10余条，前期气温高，部分伸出水面生成新株，后期气温下降有利于养分的积累，部分匍匐茎向深处生长，顶端膨大成球茎，即慈菇（图4-2）。

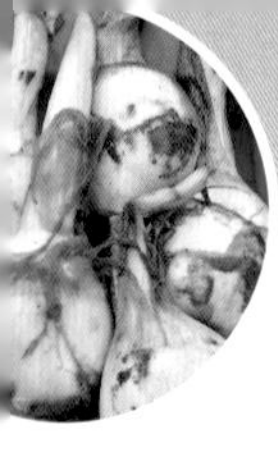

崇贤慈菇株形开张，分株强，平均株高131 cm，叶箭形，叶顶裂片先端钝圆，下裂片锐尖，平均叶片长度36.6 cm，平均叶片宽度22.3 cm；球茎圆形，白色，球茎平均长纵径7 cm，球茎平均短横径4.7 cm，球茎质量平均58.3 g，球茎顶芽稍弯曲，平均亩产2 100 kg。

图4-2　崇贤慈菇

第四节　崇贤慈菇的栽培技术

一、育苗

1. 苗床

选择土壤肥沃、疏松、熟化程度高的水田作苗床。苗床与大田面积之比为1：15。选用健壮的球茎，无病虫斑点、无损伤、无冻害、整齐度较高的顶芽作种子。每亩种慈菇用量80～100 kg。苗床畦宽1.5～1.6 m，沟宽25 cm，深10～15 cm。

2. 浸种插播

6月上旬将选好的优良种球在清水中浸泡2～3天。然后在准备好的苗床插播，密度为行距8 cm，株距8 cm，至顶芽露出1/3～1/2。

3. 搭棚

种球插后立即搭棚，其上覆盖遮阳网，以降低苗床温度。插后的苗田保持水深5～6 cm。15～20天后开始发根，当苗长20～25 cm，具3～4片叶时即可定植。

二、大田定植

1. 田块选择

选择地势平坦、排灌方便、土地肥沃的田块。pH值6.5～7.5为宜。

2. 整地

将土质松软、田面平整的田块翻耕20 ~ 25 cm，四周开排水沟，宽40 ~ 50 cm，深20 ~ 25 cm。

3. 施基肥

种植前，施腐熟农家肥2 000 kg/亩，加施36%配方肥（18-8-10）40 kg或51%复合肥（26-10-15）30 kg/亩，加过磷酸钙30 ~ 40 kg/亩。前茬若为茭白，土壤肥沃，可不施有机肥料。

4. 秧苗选择

选择苗龄15 ~ 20天，苗高25 ~ 30 cm，3 ~ 4片叶，根系生长旺盛的苗，进行定植。

5. 定植

时间7月上旬至7月中旬。定植密度行距55 ~ 60 cm，株距40 ~ 45 cm，每穴定植1株。每亩定植2 470 ~ 3 032株（图4-3）。

图4-3　大田定植

6. 扶苗补苗

定植后常因风雨、水深、泥土松浮等原因，以致种下的苗容易倾倒或偏斜，故定植后第二天起连续三四天进行扶苗。拔除生长差和被病虫为害致死的苗，并及时补苗。

7. 耘田剥叶

定植7天后至植株抽生匍匐茎以前，每隔7 ~ 10天耘田1次，共2次；在耘田时结合捺叶根际培土。

种后15 ~ 20天，当植株生长到7片叶时，结合中耕除草，除去株行间的蘖苗，然后剥去植株3片老叶（连叶柄）埋入土中，只留4片叶。以后每15天左右剥

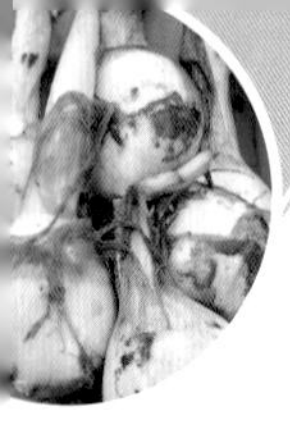

叶除蘖一次，直至10月下旬止，共剥叶除蘖5～6次。

8. 按头促结菇

完成剥叶工作后，将慈菇头部用双手按下0.7 cm左右，作用是抑制地上部生长，促进地下部多结菇。

三、追肥

慈菇种植后分3～4次追肥。化肥宜施于行间，稍离植株低撒，以防化肥粘在慈菇叶上而烧伤叶子（图4-4）。

第一次提苗肥：在植株成活后，施尿素10 kg/亩。

第二次结球肥：8月20日前后，在匍匐茎形成时，施36%配方肥（18-8-10）20 kg或51%复合肥（26-10-15）15 kg/亩。

第三次膨大肥：9月10日前后，球茎形成后，施36%配方肥（18-8-10）40 kg或51%复合肥（26-10-15）30 kg/亩和硫酸钾或氯化钾10 kg/亩。

第四次追肥：9月底，施36%配方肥（18-8-10）25 kg/亩。

图4-4　慈菇追肥

四、水位控制

慈菇定植时宜保持水位5～10 cm，8月中旬轻度搁田，以田面结皮为度，抑制营养生长促进转化。在7—8月，气温在35℃以上时于深夜或清晨适当深灌凉水，水位宜加深至12～20 cm；9月“白露”节气以后，在植株大量抽生匍匐枝和结球阶段，应保持浅水，以防疯长，促进匍匐枝及时抽生；气温下降时水位宜控制在8～10 cm，10月“秋分”节气后，匍匐枝大量抽生要再灌水3～5 cm，以促进根系生长，保证结球时对水分的需求。

第五节　慈菇病虫害防治

种球或种芽可用50%多菌灵、甲基托布津、75%百菌清可湿性粉剂800倍液进行消毒。

一、主要病害

慈菇主要病害有黑粉病、斑纹病和褐斑病。

1. 黑粉病

是由担子菌亚门真菌，慈菇虚球黑粉菌侵染所致，俗称泡泡病，是慈菇的主要病害。病菌以孢子团附在留种球中或随病株残余组织遗留在田间越冬。在环境条件适宜时，孢子团萌发形成担孢子，通过雨水反溅、气流和灌溉水传播至寄主植物上，引起初次侵染，并在受害部位产生新生代孢子，进行多次再侵染。该病主要发生在高温、高湿的天气，种植的密度过大，生长过于茂盛，田间的通透性很差，容易发生此病害。慈菇黑粉病主要为害叶片和叶柄，也能为害花器和球茎（图4-5）。

图4-5　黑粉病

叶片染病，主要发生在幼嫩的叶片上，发病初期产生褪绿色小斑点，随后病斑扩大为黄色至橙黄色，呈现不规则形的泡泡状隆起，大小1 ~ 5 mm。发病中期泡状病斑凸起，高出叶面5 ~ 10 mm，叶背稍凹陷，泡状病斑表面粗糙，内部组织似海绵状，大小5 ~ 20 mm，压破泡状病斑，有白色的乳浆液流出。发病后期，病斑泡状凸起部分变灰褐色，表皮易破裂，散发出大量黑色小粉粒，即病菌孢子团。发病严重时造成病叶畸形扭曲。

叶柄染病，初为褪绿色小点，病斑扩大后呈枯黄色椭圆形凸起，并带黑色纵沟，后病部表皮开裂，散出黑色小粉粒。

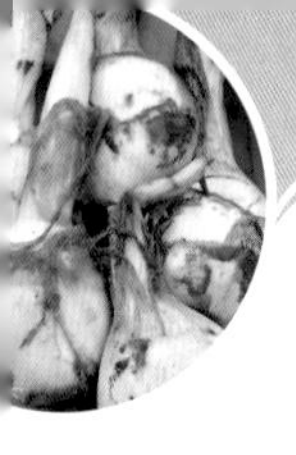

花器发病受害后，子房变黑褐色，内部充满黑色粉状物。

球茎染病受害，多发生在植株基部与匍匐茎结处，造成球茎变小，茎皮开裂，露出黑色粉状物。

病菌适宜高温、高湿的环境。适宜发病的温度范围为8～36℃，最适发病温度为20～32℃，相对湿度95%以上；最适宜的感病生育期为成株期至采收期。发病潜育期10～25天。

农业防治：收获时从无病田采收种球。与其他水生作物或水旱作物实行3年以上轮作，减少田间病菌来源。加强田间管理，合理密植，科学调节肥水，高温季节灌深水，以降低田间温度，但避免长期深灌，应做到干干湿湿，以促进根系生长发育，增强植株抗病能力。清洁田园，发现病叶及时摘除，并携出田外集中烧毁，收获后及时彻底清除病残体，减少越冬病源。

化学防治：在发病初期开始喷药，每隔7～10天喷1次，连续喷2～3次。选用18%戊唑醇微乳剂1 000～2 000倍液，或10%苯醚甲环唑水分散粒剂800～1 200倍液，或25%嘧菌酯悬浮剂1 500倍液等喷雾防治。

2. 斑纹病

病原菌为慈菇尾孢，属真菌性病害，主要为害叶片，也为害叶柄。病原菌在病组织中越冬，翌年春条件适宜时，产生分生孢子，借气流和雨水传播。连年种植、偏施氮肥、施用未腐熟有机肥的田块，以及高温多雨、阴雨连绵、日照不足或暴风雨频繁的气象条件有利于病害发生。叶片染病时，病斑呈圆形、椭圆形、多角形或不规则形，大小不等，呈黄褐色至灰褐色，斑面隐现云纹，上生同心圆状灰色霉层，病、健部分界明晰，斑外围具有黄色变色部（黄色晕圈），数个病斑常互相连合成大小不等的斑块，湿度大时斑面出现灰色薄霉病症（分生孢子梗及分生孢子），严重时致叶片变黄干枯。叶柄染病时，出现短线状褐色斑，湿度大时病斑表面生灰色至暗灰色霉（图4-6）。

图4-6　斑纹病

防治方法：及早清除田间杂草，收集烧毁遗留田间的病残株组织，注意氮、磷、钾肥料的配合施用，防止氮肥偏多。化学防治与防治黑粉病相同。

3. 褐斑病

又名慈菇斑点病，病原菌为慈菇柱隔孢菌，属半知菌类病害，是慈姑重要病害，病原菌在球茎或病残体上越冬，分生孢子借气流或雨水溅射传播，生长期温暖多雨、空气潮湿时发病严重。田间病残体多、种植过密、偏施氮肥等条件下易大面积发病。

主要侵害叶片，也可以侵害叶柄。叶片病斑近圆形，深褐色，病斑中央为灰白色，病、健交界处明显，严重时斑斑相连成大斑块，致使叶片全部变黄干枯。叶柄上病斑呈梭形，略凹陷，病斑连接成长条形凹陷斑。潮湿时病部表面生白而薄的霉层。该病发生比较普遍，为害较轻。其传播途径、发病条件和防治方法与慈菇斑纹病均基本相同，可以统筹兼治（图4-7、图4-8）。

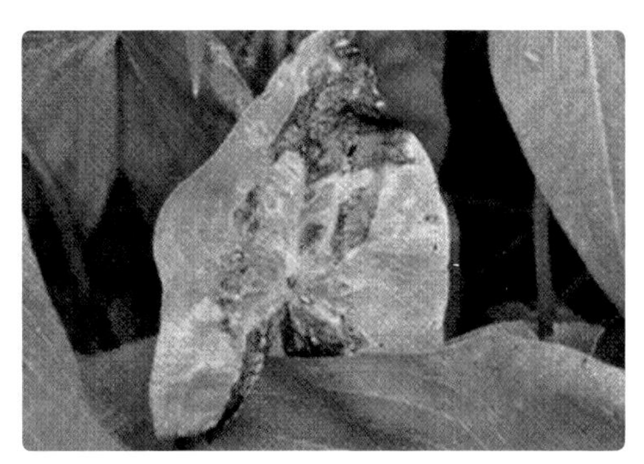

图4-7　褐斑病

图4-8　防病措施

二、主要虫害

慈菇主要虫害有蚜虫、斜纹夜蛾、慈菇钻心虫。

1. 蚜虫

是慈菇主要害虫之一，主要为害叶片，吸食叶片汁液，7—10月均有发生，气温在22～30℃，相对湿度在80%～85%，最适于繁殖。8月下旬后发生数量大为害重，可致使植株明显矮化、发黄、卷缩，直接影响生长发育。蚜虫主要为害慈菇嫩叶（图4-9）。

图4-9 蚜虫为害状

农业防治：生长前期可以漫灌深水，淹没幼苗植株，用竹竿将漂浮水面的蚜虫及杂草向出水口围赶，清除出田外，整个灌、排水过程要求在3～4 h内完成，对前期蚜虫的发生可起到很好的控制效果。

色板诱杀：每亩平均放置20～30片黄粘板诱杀。

化学防治：在蚜虫发生初期用药，每隔7～10天喷1次，连续喷2～3次。选用农药可用10%吡虫啉可湿性粉剂1 000～1 500倍液，或20%啶虫脒乳油1 500～2 000倍液，或25%吡蚜酮可湿性粉剂2 000倍液，或25%噻虫嗪水分散粒剂6 000～8 000倍液等喷雾防治。

2. 斜纹夜蛾

为暴食性害虫，7—10月为主要为害期。初孵幼虫在卵块附近昼夜取食叶肉，留下叶片表皮，将叶片取食成不规则的透明白斑。2～3龄开始分散转移为害，也仅取食叶肉，4龄以后食量骤增，取食叶片成小孔或缺刻，严重时吃光叶片。

农业防治：清除杂草，结合田间作业摘除卵块及幼虫集聚的被害叶。

物理防治：利用杀虫灯诱杀害虫，每40亩设杀虫灯一盏；使用专一性诱剂诱杀，诱捕器距离作物叶面30 cm，12 m×12 m布置1个。

化学防治：防治适期掌握在2～3龄幼虫分散前，傍晚施药，均匀喷雾于叶面及叶背。药剂为5%氯虫苯甲酰胺2 000倍液，或10%虫螨腈悬浮剂1 500倍液，或5%茚虫威悬浮剂4 000倍液，或10%溴氰虫酰胺可分散油悬浮剂2 000倍液，或240 g/L甲氧虫酰肼悬浮剂3 000倍液，或5%虱螨脲乳油1 000倍液等喷雾防治。

3. 慈菇钻心虫

慈菇钻心虫属鳞翅目黄细卷蛾科，是为害慈菇的主要钻蛀性害虫。慈菇钻心虫在长江中下游地区一年发生3～4代，以老熟幼虫在慈菇残茬叶柄中越冬，翌年5—6月化蛹、羽化、产卵。第一代、第二代幼虫为害高峰期分别为7月中旬和8月中旬，第三代为害最重，幼虫发生期为9—10月。为害严重田块受害株率高达70%，严重影响慈菇的生长（图4-10）。

图4-10　慈菇钻心虫

慈菇钻心虫的成虫有夜出习性，白天栖息于慈菇植株各部，羽化后3～4天产卵，主要产于慈菇叶柄的中下部，卵块有卵14～157粒不等。孵化以早晨为多，孵化后幼虫下爬至离水面1～3 cm的叶柄处，群集，在3 h内蛀入表皮或内径，随着在叶柄内向上蛀食，叶柄出现黄斑，乃至叶柄折断。2龄以后幼虫可转株为害，老熟幼虫在叶柄内化蛹。幼虫在慈菇残茬叶柄中越冬，离地面2～3 cm处，有群集性，耐寒力强。

农业防治：清洁田园，清除田内外遗留虫株，铲除田边杂草，以减少虫源；春暖后当气温达到18℃以上时，灌深水（17～20 cm）7天左右灭蛹，也可减少越冬虫源。

物理防治：利用杀虫灯诱杀害虫。7—10月，每2～3 hm^2设杀虫灯一盏。可以降低田间落卵量，压低虫口基数，控制害虫抗药性的产生。

化学防治：施药适期为卵孵高峰期，每隔7天1次，连续防治2次。选用150 g/L茚虫威悬浮剂3 000倍液，或60 g/L乙基多杀菌素悬浮剂2 000倍液，或50 g/L虱螨脲乳油800～1 000倍液，或10%虫螨腈乳油2 000倍液，或5%氯虫苯甲酰胺悬浮剂1 500倍液喷雾进行防治。

第六节　崇贤慈菇的采收及留种

一、采收

慈菇的采收期较长，临平区于10月底至11月初收获，一般亩产1 000～1 500 kg。采收前，首先要看地上部茎叶是否完全枯黄，其次鉴别球茎是否充分

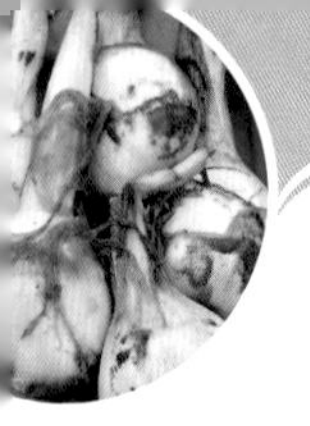

成熟。方法是用手摸匍匐茎，凡粗大而松软者，证明养分已充分集中到先端的球茎，可以采收；而细小坚实者说明还未充分成熟，可留下次采收。

采收方法：收获前10～15天排干田水，割去叶片，用齿耙剥去13～17 cm土层，用手挖取。

二、留种

慈菇的留种应在生长期间选择具有该品种特性的植株作母株，并留明显标志。采收时，在这些母株上再选留具有该品种性状、菇体充实、顶芽饱满的球茎作种。

1. 传统留种方法

种球收获后，经初筛选，放室内晾干（种球表面土干为标准），将符合要求的种球堆放于阴凉干燥泥地的屋内（水泥地需铺3～5 cm厚干细土），四周放砖头，球堆高不超过80 cm，堆顶上依次铺稻草、河泥和干细土各一层，并防止河泥干裂，大堆需插棒4～5根通气。

2. 冷藏法

经筛选晾干（种球表面土干为标准），置于冷库保存（3～5℃），装于塑料袋内，每袋25 kg，至6月育苗。

第五章

大红袍荸荠

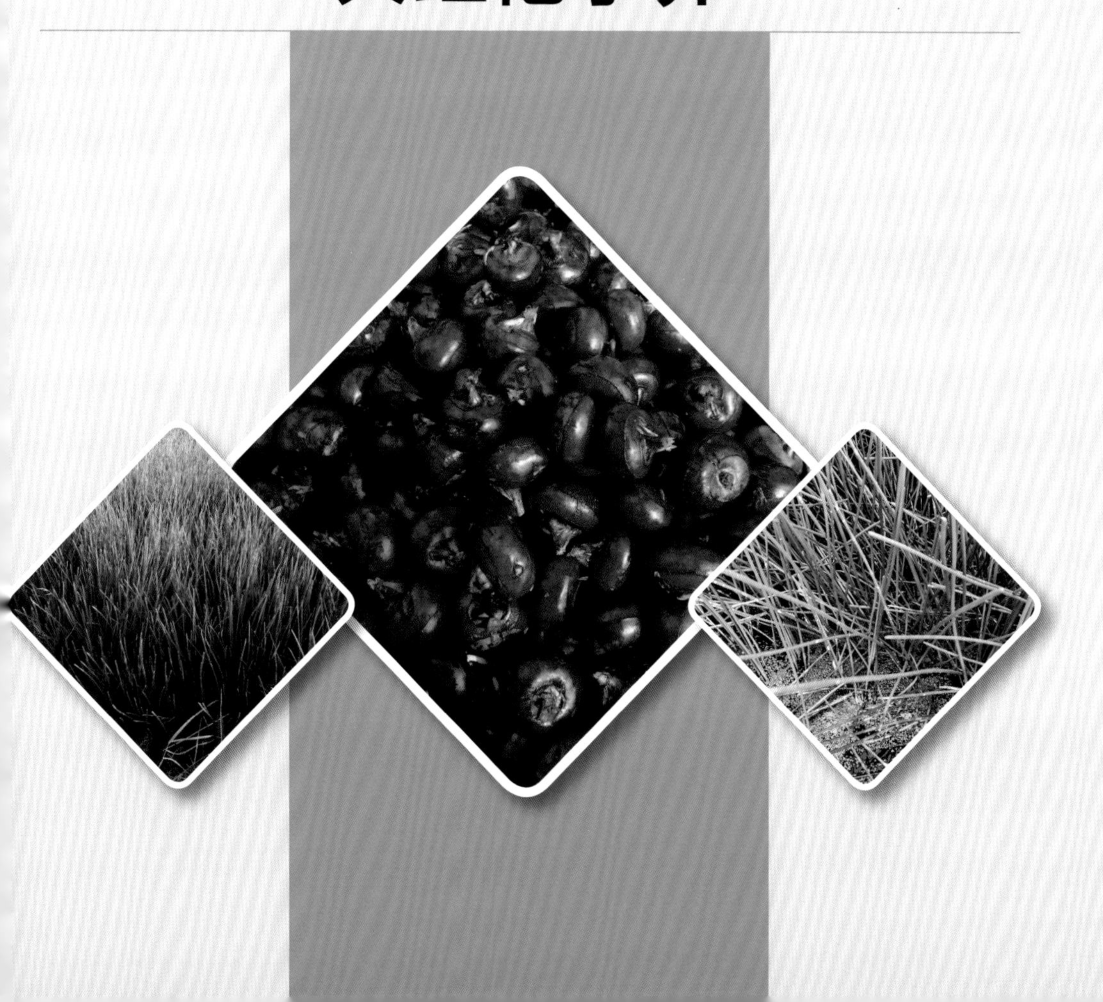

第一节 大红袍荸荠的历史文化

临平区沾驾桥，位于大运河东岸，是享誉全国的浙江大红袍荸荠主产地。据传，乾隆皇帝下江南期间，曾路过一小石桥，当天下了一场倾盆大雨，沾湿了他的乘轿，故名“沾驾桥”。当地到处是弯弯曲曲的河浜，河浜两岸有郁郁葱葱的荸荠田。这里的农民素来是种一熟稻一熟荸荠，故常称田为“荡”。大运河一带出产的大红袍荸荠，以其个大、质脆、汁多、味甜、无渣而中外闻名。南宋《东京梦华录》记有临平区荸荠列入贡品的事。据明代《仁和县志》载：“荸荠，近产独山”。独山在今临平崇贤沾桥境内，沾桥一带港河交错，田陌纵横，池沼众多，土质黏软肥沃，十分适宜荸荠生长。足见500年前当时的沾驾桥、独山盛产荸荠。冬荠（立春前挖取的），皮薄色鲜红，如着红袍，故名为“大红袍荸荠”（图5-1）。荸荠常被作为一种水果，在水果稀少的冬春，显得十分珍贵。如将荸荠洗净晾晒几天，再放在通风避冻处阴干，待果皮起皱，成为“风干荸荠”，耐贮藏，其味更佳。自1974年起，以沾驾桥大红袍荸荠削成鼓形，精制加工而成的著名外销商品罐头食品“清水马蹄”，不仅在国内市场上深受欢迎，还远销到港澳及欧美等地，成为当地一些盛宴上不可缺少的爽口冷菜。1978年美国总统访杭时，杭州就以包装精美的两箱削白荸荠作为馈赠礼品。1980年杭州罐头食品厂加工而成的清水马蹄罐头出口美国，成为浙江省首个出口美国的农产品，1984年和1985年两次荣获国际美食及旅游执行委员会颁发的金奖，享誉国际市场。1985年，浙江农业大学与杭州罐头食品厂曾对9种荸荠的罐藏品加以测试比较，结果以临平区的大红袍荸荠罐藏品质最好。大红袍荸荠因其质量卓越而闻名全国。

图5-1　大红袍荸荠

大红袍荸荠制成的马蹄粉，其粉质纯细，洁白晶莹，能与藕粉、菱粉媲美，是销往港澳以及南洋一带的传统副食品，被华侨淀粉商赞为“淀粉三魁”。2010年12月，大红袍荸荠被浙江省农业厅列入《浙江省首批农作物种质资源保护名录》。

大红袍荸荠产地集中分布在运河两岸的沾桥、崇贤、宏磻、运河、肇和、云会、东塘等区域。这些地方地理独特，河港交错，土质松软肥沃，pH值在6～7。极宜荸荠生长，采收的荸荠一般均带黏黑的湿泥，故称“湿地栗”。每年小暑前后育种，早稻收割后移栽，冬至前后收获。收获可分冬摸和春摸，以冬摸为佳。冬摸一般在每年冬至后至第二年立春。20世纪40年代，崇贤境内的半数水田都栽种荸荠，在相当长的一段时间内，荸荠是运河一带农民经济收入的主要来源。在“以粮为纲”的年代里，崇贤仍有四分之一的水田纳入栽种荸荠计划。据老人回忆，20世纪30年代从龙光桥到义桥的运河两岸都种有荸荠。抗战期间，运销困难，荸荠面积缩小。中华人民共和国成立后，全县荸荠生产发展很快，从1949年的2.75万亩，发展到1953年的5.38万亩。目前临平区种植面积2 000亩左右。

荸荠，古书中多写作“葧脐”或“荸脐”。古人根据其形状，也称为“乌芋”“地栗”和“黑三棱”。因其深受野鸭啄食，故也叫“凫茈”。李时珍在《本草纲目》“乌芋”条中说：“凫茈生浅水田中，其苗三四月出土，一茎直上，无枝叶，状如龙须”。并记载，古人宗奭将荸荠分为两类：“皮厚色黑肉硬而白者，谓之猪葧脐；皮薄色泽淡紫肉软而脆者，谓之羊葧脐”。沾驾桥产的荸荠，个大，颜色鲜红，食之生脆、甜蜜，当属羊葧脐的上品。

采收大红袍荸荠可是苦活，必须在严冬进行，男的挑运，女的挖掘，他们在凛冽的寒风里半裸着腿，卷起衣袖管，把手指插到带冰霜的泥里，小心翼翼地将荸荠一个个挖掘出来。

荸荠在全国各地都有栽培。朝鲜、日本、越南、印度也见分布。荸荠栽培一年只有一茬，不能周年生产；而且荸荠生长在湿土里，皮薄汁多，极易失水萎缩和腐烂变质。所以，荸荠一般采用鲜销，贮藏期不超过10天。温度0～4℃贮藏荸荠最佳，真空包装荸荠于0～4℃下保鲜期可达60天。

第二节　大红袍荸荠的实用价值

荸荠营养丰富，含有蛋白质、脂肪、粗纤维、胡萝卜素、维生素B、维生素C、

铁、钙、磷和碳水化合物，可以用来烹调，也可制淀粉。削光荸荠是一碗佳肴，用鲜荸荠削白切片，拌上适量佐料，吃起来脆甜爽口，别有一番风味，是宴席上醒酒解腻的好菜；洗净风干，待果皮起皱，称“风干荸荠”，其味甘甜美味；荸荠与苹果、白木耳、糯米年糕等一起烹调而成的甜羹，是人们喜爱的高档点心；可用于夏令羹点和冷饮食品配料，还能做粉丝、饴糖和酿酒等；荸荠加工制成生粉，洁白晶莹，爽滑细腻，是烹饪的好配料；荸荠可以加工成罐头、马蹄糕、荸荠饮料等多种产品，同时，在加工中产生的荸荠皮渣含有丰富的纤维和色素，可以进一步被加工利用。

荸荠还有其独特的医药价值。李时珍著的《本草纲目》果部·三十卷·果之六“乌芋”条对荸荠药用的总结最为全面，乌芋（荸荠）“气味甘，微寒，滑，无毒”。“主治消渴痹热，温中益气。下丹石，消风毒，除胸中实热气。可作粉食，明耳目，消黄疸。健胃消食，治呃逆，消积食，此果宜饭后食。还可治便血、血崩等血症。研末食，明耳目开胃下食。作粉食，厚人肠胃，不饥，能解毒，服金石人宜之。疗五种膈气，消宿食，饭后宜食之。治误吞铜钱。主血痢下血血崩，辟蛊毒”。清代吴仪洛著的《本草从新·果部》记载：“葧脐，甘寒而滑。消食开胃，除胸中实热。治5种噎膈（气噎、食噎、劳噎、忧噎、思噎，膈亦5种：忧膈、气膈、恚膈、热膈、寒膈），消渴黄疸，血症蛊毒”。明代名医汪机认为，荸荠是“消坚削积之物，故能开五膈、消宿食也”。清代王士雄《随息居饮食谱·果食类·凫茈》亦说荸荠甘寒，具有“清热，消食，醒酒，疗膈，杀疳，化铜，辟蛊，除黄，泄胀，治痢，调崩”等功效。

据中国医学科学院分析，每百克荸荠可食部分含糖21 g、热能91 kcal和丰富的矿物质，还含有多种维生素。荸荠性味甘、微寒、具有生津、止渴、消热、消食、开胃、润肺、化痰、益气、退翳、明目等功效。可治疗舌赤少津、温病口渴、咽干喉痛、大便燥结、消化不良、血痢下血、酒醉昏睡等症。荸荠服食方法较多，煮食、绞汁、煎汤、浸酒、研末等均可。近年来从荸荠中发现了一种不耐热的抗菌成分——荸荠英。实验证明，荸荠英对金黄色葡萄球菌、大肠杆菌、绿脓杆菌等均有抑制作用。通俗地说有四类作用。

（1）荸荠性寒，具有清热解毒、凉血生津、利尿通便（粗脂肪具有润肠通便的功效）、化湿祛痰、消食除胀的功效，可用于治疗黄疸、痢疾、小儿麻痹、便秘等疾病；治疗咽喉肿痛、上火、咳嗽、便血等症。

（2）荸荠含有一种抗菌成分——荸荠英，对降低血压有一定效果，这种物质还对癌症有防治作用。

（3）促进儿童牙齿、骨骼发育，每100 g荸荠里含有68 mg磷。

（4）退烧。荸荠含有丰富的碳水化合物和蛋白质，而且热量低，可以清热泻火又能补充营养，发热初期的患者每次吃10个荸荠，可以有效退烧，而且它很适合儿童食用。

第三节　大红袍荸荠的品种特性

荸荠又名马蹄、水栗、乌芋、菩荠等，属单子叶莎草科，为多年生宿根性草本植物。根为须根系，生长于肉质基部，新根白色，后为褐色，无根毛，着生于叶状基部；茎可分4种，肉质茎、叶状茎、匍匐茎、球茎，球茎是食用部分；叶片退化成膜片状不含叶绿素，着生于叶状茎的基部及球茎上部；花从结荠始在叶状茎顶端抽生穗状花序；种子，每朵小花结果实一个，灰褐色，不易发芽。在生产上不用种子繁殖，常用无性球茎繁殖（图5–2）。

图5–2　大红袍荸荠

花果期5—10月。其肉质脆嫩洁白，味甜汁多，富含营养，生食作水果清脆可口，熟食可作蔬菜。

大红袍荸荠表皮通红，色泽鲜艳，表皮颜色很红润，酷似红袍，故称“大红袍”，以个大、皮薄、质脆、肉白、汁多、味甜、无渣而著名，屁股眼有个白点是与其他荸荠品种的区别点。农艺性状表现为株高约105 cm，叶状茎高约85.0 cm、粗约0.6 cm、颜色为深绿色，分枝能力强，开花，侧芽中等，主芽中等；球茎扁球形，长横茎约4.5 cm、短横茎约3.94 cm、球茎厚约2.0 cm，脐部凹，平均单球茎重26 g。含可溶性固形物约8.3%。亩产量1 200 ~ 1 500 kg。

第四节 大红袍荸荠的栽培技术

一、育苗技术

种球选择。选择表皮没有破损、无病虫害、果球顶芽粗壮、表皮颜色正常的种球。播种前种球进行消毒处理，使用50%的多菌灵粉剂500倍液浸泡8～12 h，取出沥干，然后在清水中浸种2～3天（图5-3）。

图5-3 荸荠育苗

（一）秧田准备

播前15天灌水泡田翻耕，耕深20 cm。播前3～5天结合第2次翻耕施基肥，每亩施过磷酸钙25 kg、复合肥（18-8-16）15 kg。翻耕后作畦，畦宽150 cm，高10 cm、沟宽30 cm。灌好水，播种前1天排干水。

（二）育苗

育苗期应选择在4月下旬至5月上旬，其方式有一次育苗和二次育苗之分。一次育苗在定植前50～60天进行。二次育苗是先进行湿润状态下催芽、育苗，30天以后把育成的苗假植到育苗水田，再过50～60天进行移栽。一次育苗为传统的育苗方法，一般每亩需种荠10～15 kg，二次育苗法一般每亩需种荠为3～5 kg，最节省的为1 kg左右。

1. 第一段育苗

4月下旬至5月上旬，把荸荠种按6 cm×5 cm进行播种，种后覆盖肥沃园土2～3 cm，然后浇透水，使土与荸荠充分贴合，在土上覆盖稻草，然后用小拱棚促进育苗地土温的提高，为了保温，晚上在小拱棚外可覆盖草帘、遮阳网、塑料膜等，以保证夜温不会过低，特别是遇冷空气来临时，一定要注意夜间保温。

8～10天后，荸荠顶芽生长有1～2 cm时可揭开稻草，让其充分见光，同时对小拱棚内的温度进行管理，白天晴天可通风，一般控制温度不超过30℃，晚上覆膜和盖草，使拱棚内的温度保持在15～20℃，荸荠幼苗移栽10～12天后，待幼苗长出新根，要及时施肥、灌溉，每亩撒施硫酸钾型复合肥（15-15-15）15 kg，保持浅水2～3 cm。

2. 第二段育苗

当秧苗长到苗高20 cm时，把育好的苗一个种荠分为1～2株，株行距60 cm×60 cm进行定植。荸荠幼苗移栽10～12天后，待幼苗长出新根，要及时施肥、灌溉，每亩撒施硫酸钾型复合肥（15-15-15）25 kg，保持浅水2～3 cm，为幼苗定根生长创造良好的外部环境。待幼苗生长一段时间后再使水深增加至3～4 cm，保持田块水分充足；当荸荠幼苗生长35～40天时排干田中积水，进行轻晒田处理，保证荸荠幼苗根部有充足氧气，促进其进行呼吸作用，为幼苗茁壮生长提供能量，加速其养分吸收和根系生长，促进幼苗强壮生长，减少后期生理病害造成的死苗、烂苗现象。

在育苗过程中做好间苗、除苗工作。剔除变异、瘦小、长势不佳的荸荠苗。间苗除杂去劣工作一般在第二段幼苗培育过程中进行。

2个月后，荸荠的分株可长满田块，此时可把育好的苗定植到大田。

二、大田移栽

荸荠是严格的短日照植物，它所抽生的匍匐茎只有在秋季日照转短后才能膨大形成球茎。早移栽也不能早结球，还可能因过密的分蘖引起内部湿度过高，通风透光性变差而易发生病虫害，影响产量。过迟移栽则可能会因营养生长期短，营养积累不足而影响产量。一般临平区最适宜移栽时间为7月上中旬。

1. 大田准备

选择避风向阳、水源丰富、耕层较浅、排灌方便、土壤肥力中上、质地疏松的田块。种植前施基肥，施腐熟农家肥2 000 kg/亩，加施36%配方肥（18-8-10）40 kg或51%复合肥（26-10-15）30 kg/亩，硼锌铁镁肥3 kg/亩。灌水后深耕并充分耙平，保持水深2 cm。

2. 起苗

起苗时如果发现幼苗生长过高，可以用工具割去幼苗梢头，保持40～50 cm的茎高进行移植，以防止幼苗移植后因风吹雨打而扎根不稳或被风吹倒等。剪下来的幼苗末梢需要移出田外集中处理，以减少病菌传播。起苗时要注意用力均匀，用手从幼苗基部轻轻挖出来，使荸荠苗能带土拔出。栽苗时宜轻拿轻放，避免折断或损伤叶茎。如果发现幼苗主根过长，可以适当修剪主根茎，保持主根长约2 cm，避免幼苗根系漂浮破坏幼苗正常结荠。最好选择阴天起苗，或晴天上午或者下午光照较弱时进行，避免光照过强损伤植株根系。最好做到当天起苗、当天种植，避免根茎枯萎。

3. 幼苗定植

移栽密度与移栽时间、土壤的肥力等相关。土质肥沃的宜稀，反之则应密些，早插的宜稀，迟插的要求密些。幼苗定植时间最好控制在7月上中旬进行，移栽密度为100 cm × 80 cm，每亩插850丛左右。每丛应保持3 ~ 5枝管状茎，移栽深度为8 ~ 10 cm。插植时要顺手抹平、压紧根部的泥土，以提高荸荠幼苗成活率。定植后3 ~ 5天如见浮苗或枯黄的苗要及时补苗（图5–4）。

图5–4　定植

三、施肥

追肥应掌握“前稳、中控、后攻”的原则，根据不同时期的生长发育进行施肥（图5–5）。

图5–5　施肥

1. 分蘖肥

定植后10天，成活返青，每亩施复合肥（25-10-16）15 kg或尿素7.5 kg、硫酸钾7.5 kg。

2. 分株肥

插后20天结合除草每亩施复合肥（25-10-16）15 kg。

3. 壮苗肥

9月上旬，每亩施复合肥（25-10-16）25 kg。

4. 结荠肥

9月中下旬，每亩施复合肥（20-5-20）25 kg。

5. 球茎膨大肥

10月上中旬，亩施复合肥（20-5-20）25 kg、硫酸钾15 kg。

6. 球茎促大肥

施球茎膨大肥15～20天后，每亩施复合肥（25-10-16）25 kg。

9月中旬后不施氮肥。施肥时间以下午为好。施肥要与田间灌水同时进行，保持田间水分充足，且根据不同的泥土酌情施肥，沙泥田应少施多次，土泥田可多施。

四、水分管理

原则是深水活株、寸水护苗、浅水勤灌、适度晾田、护水结荠。定植后田间水深保持3～5 cm（深水活株），加速幼苗分蘖；8月浅水勤灌（发棵期促匍匐茎生长）；9月结荠期深水护根，水位要升高至6～8 cm，以加快结球速度，提高荸荠结果率。早茬荸荠立秋前放水晒田，可控制旺长，防止荫蔽，确保光照充足。如分蘖滞缓，亦可晒田（8月上中旬）10～15天，促其多发根早分蘖；荸荠结荠后期，田中不再灌水，此时田间水层宜保持下降趋势，保证田间干湿平衡，避免荸荠茎叶生长过旺；采收前2周排干田水，此时只要保持土壤正常湿润即可，以便荸荠球茎生长获取充足氧气，加快球茎中的养分吸收和糖分沉淀，为稳产增收做准备。

第五节　荸荠病虫害防治

荸荠主要病害有荸荠基腐病、荸荠秆枯病、荸荠茎腐病和荸荠锈病，虫害主要有白禾螟。

1. 荸荠基腐病

又称枯萎病，荸荠瘟。病原菌为尖镰孢菌荸荠专化型，属真菌界半知菌类。此病是一种毁灭性病害，受害植株一般不结荸荠，整个生长季节均可发病，尤以成株期受害重，即9月下旬至10月为发病盛期。病菌以菌丝潜伏在荸荠球茎上越

冬，并可随球茎作为蔬菜或种球的调运进行远距离传播。病菌从马蹄茎基部、根部伤口侵入，引起茎基变黑、腐烂，植株生长衰弱、矮化变黄，如缺肥状。以后一丛中的少数分蘖开始发生枯萎，最后地上部整丛枯死，病菌则沿匍匐茎蔓延到下一丛。根及茎部染病，变黑褐软腐，植株枯死或倒伏，局部可见粉红色黏稠物，即分生孢子座和分生孢子，球茎染病荠肉变黑褐腐烂。缺肥、氮肥过量、分蘖过多、长期深水灌溉、过度晒田易盛发此病（图5-6）。

图5-6　基腐病

农业防治：严禁带病球茎或种球向外调运；推行轮作，特别是老产区实行3年以上轮作；加强田间管理，清除田间残萎枯茎；控制氮肥，增施磷钾肥，提高植株抗病能力；注意排灌方式，做到排灌分开，防止串灌、漫灌，以防病菌随水流扩散。

化学防治：土壤消毒，每亩施生石灰50 ~ 75 kg；药剂处理球茎和荠苗，用25%多菌灵可湿性粉剂250倍或50%甲基托布津可湿性粉剂800倍液，在育苗前把种球茎浸泡18 ~ 24 h，定植前再把荠苗浸泡18 h，可控制病害；抓住适期喷药保护。生长季节及时检查，发现少量病株即喷药，可用77%氢氧化铜100 g兑水50 kg喷雾，或50%多菌灵可湿性粉剂600倍液，或70%甲基硫菌灵可湿性粉剂1 000倍液，或30%苯甲·丙环唑乳油1 500 ~ 2 000倍液，或42.4%唑醚氟酰胺悬浮剂3 500倍液，始发病时开始喷施，每隔10天1次，连喷2 ~ 3次。

2. 荸荠秆枯病

俗称“马蹄瘟”，病原为荸荠柱盘孢菌，属真菌界半知菌类，为荸荠的一个主要病害，全生育期均可发病，温度在17 ~ 29℃，连续阴雨或浓雾、重露天气、密度过大、氮肥过多利于该病发生流行。9月中下旬开始发病，老产区、连作田发病重。湿度大时病斑可产生浅灰色霉层。主要以菌丝体在病组织内越冬，分生孢子借风雨传播进行侵染。主要为害叶状茎。茎秆发病时，初生病斑呈水渍状，呈梭形或椭圆形至不规则形暗绿色斑，病斑变软或略凹陷，上生黑褐色小点。

图5-7　荸荠秆枯病

病斑组织软化可造成茎秆枯死倒伏，呈浅黄色稻草状，因而俗称“马蹄瘟”。该病菌也为害叶鞘、花器等部位，花器染病症状与茎部类似，多发生在鳞片或穗颈部，致花器黄枯。湿度大时，病斑上可产生浅灰色霉层，即病菌繁殖体（图5-7）。

农业防治：推行轮作，特别是老产区实行3年以上轮作；加强田间管理，清除田间残萎枯茎；控制氮肥，增施磷钾肥，提高植株抗病能力；注意排灌方式，做到排灌分开，防止串灌、漫灌、以防病菌随水流扩散。

化学防治：用药剂处理球茎和荠苗，用25%多菌灵可湿性粉剂250倍液，或50%甲基托布津可湿性粉剂800倍液，在育苗前把种球茎浸泡18～24 h，定植前再把荠苗浸泡18 h，可控制病害；发病初期喷洒78%波锰锌可湿性粉剂600倍液，或25%三唑酮乳油1 500倍液，或25%丙环唑乳油2 000倍液，隔10天左右喷施1次。重点保护新生荠秆免遭病菌侵染，雨后及时补喷。

3. 荸荠茎腐病

病原为新月弯孢霉，属半知菌类。以菌丝体在病残株上越冬，成为翌年初侵染源。9月上中旬盛发，发病的叶状茎外观症状为枯黄色至褐黄色，发棵不良，病茎较短而细。发病部位多在叶状茎的中下部，离地面15 cm左右，病部初呈暗灰色，扩展成暗色不规则病斑，病、健分界不明显，病部组织变软易折断。湿度大时，可产生暗色稀疏霉层。严重时，病斑上下扩展至整个茎秆，呈暗褐色枯死，但不扩展到茎基部。与枯萎病可根据茎基部维管束有无变色加以识别（图5-8）。

图5-8　荸荠茎腐病

防治方法与荸荠秆枯病同。

4. 荸荠锈病

病原为锈菌。初始茎上出现淡黄色或浅褐色小斑点，近圆形或长椭圆形，稍凸起的夏孢子堆。以后夏孢子堆表皮破裂散出铁锈色粉末状物，即夏孢子。当茎秆上布满夏孢子堆时即软化、倒伏、枯死。一般在9—11月发生，病重时植株倒伏，严重减产（图5-9）。

图5-9 荸荠锈病

农业防治同荸荠秆枯病。

化学防治：可选用40%氟硅唑乳油6 000倍液，或68.75%噁唑菌酮可湿性颗粒剂1 500倍液，或15%三唑酮可湿性粉剂1 000～1 500倍液，或50%萎锈宁乳油800倍液，或10%苯醚甲环唑1 500倍液等喷雾防治。

5. 白禾螟

又称纯白螟、白螟、荸荠钻心虫，是为害荸荠的主要害虫。属鳞翅目螟蛾科。该虫主要以幼虫钻入荸荠茎秆蛀食为害，初孵幼虫蛀入叶状茎后，快速穿通横隔下降到基部取食，剥开叶状茎可见连续的孔道。幼虫在基部转株为害，1头幼虫可为害3～5个叶状茎。为害初期植株茎尖部褪绿枯萎，自上而下逐渐变红转黄，茎秆变褐腐烂，不久发红枯死，严重发生时成片枯死，不结或少结球茎，造成严重减产，农民称为“红死”。

浙江一年发生4代，以幼虫在荸荠茎秆内结薄茧越冬。6月上旬第1代幼虫孵化，开始为害。发生时间分别为6月上旬至7月中旬、7月中旬至8月上旬、8月中旬至9月中旬、9月中旬至翌年6月上中旬。全年以二、三代发生量大，为害最重。以早栽的荸荠田和植株生长嫩绿的田受害期长，受害重（图5-10）。

农业防治：3月上旬前，及时清理并集中烧毁田间遗留的荸荠茎秆杂草，消灭越冬虫源；5月上旬，铲除自生苗，以杀死越冬幼虫，降低虫口基数；7月中下旬移栽有利于避开2代的为害并减轻3代发生基数，可减少损失。

图5-10　白禾螟

物理及生物防治：杀虫灯诱杀，每2 hm^2范围内设置1盏功率为50 W的杀虫灯；昆虫性信息素诱杀，每亩放置诱捕器1～2个，每个诱捕器内置诱芯1个，每隔20～30天更换诱芯。

化学防治：应采取狠抓秧田防治、不放松栽后防治、重治第2～3代、挑治第4代的原则。第2代用药自7月上旬始，治1～2次；第3代用药自8月上旬始，防3～4次；第4代防治是在9月上旬始，可根据情况进行挑治。农药选用5%氯虫苯甲酰胺悬浮剂1 500倍液，或150 g/L茚虫威悬浮剂2 000倍液，或1.8%阿维菌素悬浮剂1 000～1 500倍液等轮换喷雾防治。施药时田间保持一定水层。

第六节　大红袍荸荠的采收与留种

一、采收

当霜降来临，地上茎枯死时，即可采收。冬至至立春期间为最佳采收时期。荸荠采收无明显间隔期，从霜降开始至翌年清明均可进行。采收方法大多采用人工采挖。采收前3～4天将田里的水放干，应尽可能降低人为损伤球茎。也可荸荠田存水5～10 cm，用冲压泵冲泥，待荸荠上浮后用小网兜捞取。球茎采收后用洁净水冲洗干净。

二、留种

在生长期和采收期分别进行一次选种。在生长期应进行初选，即选择地上部分群体生长整齐一致、抗倒伏、无病虫害的田块为留种田，并多次淘汰病株、弱株、劣株及不符合该品种特征特性的植株。再在采收期进行复选。保存于荸荠田中越冬。

1. 传统留种方法

种荠可于翌年3月下旬萌芽前挖出，带泥摊晾2～3天，再进行贮藏。将经选择的种球堆放在室内无阳光直射的地方，水泥地需铺3～5 cm厚干细土，堆成高35～50 cm的圆堆，外覆稻草，草上浇泥浆，以保持湿润和较低的温度。

2. 现今留种方法

种荠可于翌年3月下旬萌芽前挖出，筛选晾干（种球表面土干为标准），于冷库保存（3～5℃），用塑料袋装置，每袋25 kg，于4月下旬至5月上旬育苗。

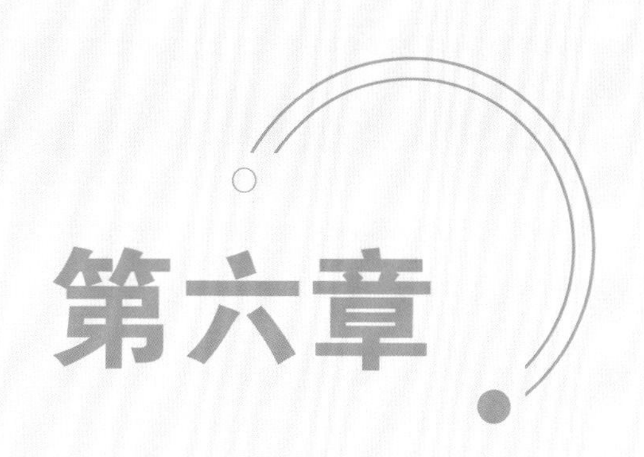

第六章

小林黄姜

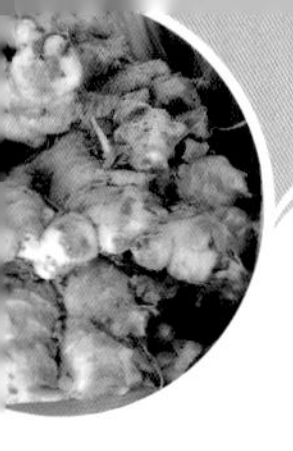

第一节 小林黄姜的历史文化

生姜，姜科、姜属，多年生草本植物。临平小林一带栽培的小林黄姜是全国栽培历史最早的姜种之一。早在1 600年前就开始种植，在北宋年间已盛产。据《新唐书》记载，杭州余杭郡所产生姜为贡品。北宋康定年间（公元1040）已盛产，并因其姜块大、肉质黄密、姜汁浓、味清香著名。宋代诗人范成大在《浣溪沙》中说："茅店竹篱开席市，绛裙青袂斸姜田，临平风物故依然"。《东坡养生集》中记载："余昔监郡钱塘（今杭州）游净慈寺，众中有僧号聪药王，年八十余，颜如渥丹（面色红润），目光炯然，……自言服姜四十年，故不老"。北宋初期乐史所撰著名的地理总志《太平寰宇记》称："杭州土产干姜、橘、蜜，皆入贡"。明代李时珍著的《本草纲目》亦有"临平山产姜"的记载。清代《杭州府志》称："姜出仁和小林镇，近苏家村多种之"。清代《大清一统志》卷二八六称："姜，仁和临平山出"（图6-1、图6-2）。

图6-1 姜田

图6-2 小林黄姜

小林黄姜主要产地在小林（今属东湖街道）及其紧邻的乾元、塘南、亭趾等地。这一地区土壤多为小粉土，透气性好，又为富磷区，很适宜姜的种植。主栽品种为红爪姜，系祖传佳种，长势强，地下基大，皮色淡黄，芽色淡红，肉色姜黄，纤维少；另一品种为黄爪姜，植株短，地下基小，辣味强。每年清明节前3～5天选种催芽，谷雨、立夏之间适期排姜。夏至、小满之间起者称为“娘姜”，处暑后收者称为“嫩姜”，立冬后收者称为“老姜”。小林黄姜种植面积最高时为2 439亩，产量约3 000 t。20世纪80年代后，随着临平城区面积扩大，种植面积减少，最少时仅10余亩。经过近几年不断实施的一系列小林黄姜种质资源保护和利用工作，使人们重新开始重视和发展小林黄姜生产。2010年12月小林黄姜被浙江省农业厅列入《浙江省首批农作物种质资源保护名录》。2018年和2019年两获浙江省农业博览会金奖；2019年小林黄姜产品制作技艺被余杭区列入非物质文化遗产名录。小林黄姜1号（认定编号：浙认蔬2022005）选育品种2022年获得浙江省农作物品种认定证书（图6-3）。现临平区小林黄姜种植面积为450亩左右。

证书编号：浙品认 2022005

浙江省农作物品种认定

证　书

认定编号：浙认蔬 2022005

作物名称：生姜

品种名称：小林黄姜 1 号

品种来源：以小林红爪姜高产高抗姜瘟病变异株为材料系统选育而成

选育单位：杭州佳田农业开发有限公司、中国计量大学、杭州市临平区农业技术推广中心（主要选育人：徐建荣、叶子弘、张雅芬、王忠、黄锡志）

栽培技术要点：宜选择较疏松的土壤；山区播种后出苗期宜覆盖地膜，高温采用遮阴处理，霜冻前采收。注意防治姜白星病。

认定意见：该品种生长势较强，产量高，高抗姜瘟病，香辛味足，品质优，商品性好，适宜在浙江省种植。

该品种经浙江省农作物品种认定委员会第 17 次会议审议通过。

图6-3　小林黄姜1号品种认定证书

第二节　小林黄姜的实用价值

小林黄姜作为临平区的名优特产，同时作为全国9大姜类中的上品，主要成分姜油中有100多种组分，主要为倍半萜烯类碳水化合物占50%～66%，其次是氧化倍半萜烯占17%。其姜精油等有益成分含量高达2.9%～3.5%，为普通生姜含量的10倍。小林黄姜辣度高、纤维少、耐贮藏，全身是宝。小林黄姜除含有姜油硐、姜油酚、姜油醇外，还含有蛋白质1.8%，粗脂肪4%～7%及丰富的铁、盐、维生素A、维生素C等。嫩姜质脆嫩、味鲜美，老姜质坚实、辣味足、香气

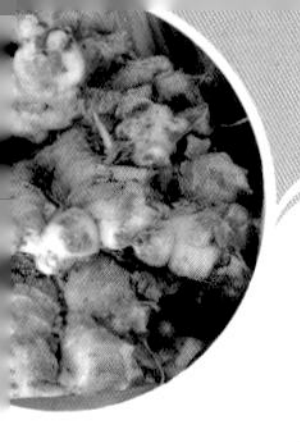

浓郁，是人们日常生活中常用的调味品，为烹调必备之调料，有除腥、去臊、去臭之功效。也可加工成姜片、姜粉、糖姜、酱姜、醋姜、糟姜。

李时珍著的《本草纲目》载："姜辛而不荤，去邪避恶，生啖熟食，醋酱糟盐蜜煎调和，无为宜之。可蔬可和可果可药，其利博矣"。陶弘景著的《名医别录》载："姜有除风邪寒热、治伤寒头疼鼻塞，咳逆上气，止呕吐，去痰下气，治霍乱，消小肿和健脾胃等功能"。故有"冬吃萝卜夏吃姜，郎中先生丢药箱"的谚语。

生姜味辛，性微温，具有解表散热、温中止呕、润肺止咳、解毒的功效。常用于风寒感冒，脾胃寒症，胃寒呕吐，肺寒咳嗽；解鱼蟹毒、清晨恶心、肌肉疼和关节疼痛。由此可见，生姜的用途非常广泛，既是一种调味品，又集食品、药用为一体，对人体有较高的保健作用。中医学自古认为生姜是"药食同源"最好的范例。

小林黄姜精油有退烧、轻泻、催情、去胃肠胀气、化痰、使身体温暖、激励、利胃、促进发汗、补身等功效。胃溃疡、虚寒性胃炎、肠炎以及风寒感冒也可服生姜以散寒发汗、温胃止吐、杀菌镇痛。

（1）抗炎镇痛。生姜挥发油、姜辣素成分都有很好的抗炎镇痛功效，可通过降低炎症因子和致痛因子的表达及抑制炎症相关通路激活，缓解关节炎、神经痛、溃疡等症状。

（2）抗癌。生姜的乙醇提取物有抑制小鼠皮肤肿瘤作用，实验发现生姜水提取物及生姜醇提取物都有预防肿瘤作用。现代药理研究发现，生姜抗癌的主要药效物质是姜辣素，尤其是6-姜酚。研究表明，6-姜酚对多种癌细胞会产生细胞毒性并具抗增殖、抗肿瘤、抗侵袭作用。

（3）调节免疫。生姜中姜酚等活性成分对生物机体的体液免疫、细胞免疫、肠道免疫等都具有调控作用，可提高机体免疫力，预防、治疗各种免疫紊乱性疾病。

（4）调节糖、脂代谢。糖、脂代谢失常造成的过度肥胖已成为高血压、糖尿病、冠心病等疾病的重要危险因素，生姜中的挥发油成分能调节人体能量代谢，减轻肥胖的发生。生姜汁可以调节有关脂代谢和糖代谢的表达来改善能量代谢。

（5）抗氧化。抗氧化作用是生姜的一个重要功效。生姜精油对自由基有显著的清除能力，尤其是对羟基自由基和DPPH自由基。

（6）止呕。生姜中的姜酚类及姜酚类化合物通过抑制刺激呕吐中枢相关神经递质的释放而起到止呕的作用，可用于治疗化疗、手术、怀孕等造成的恶心呕吐。

（7）抗凝血。生姜多糖可以作为天然的抗凝血剂和治疗试剂。国内外研究都表明了生姜能通过抵抗血小板聚集、改变血流速度、降低血液黏稠度等发挥抗凝血作用，可应用于心血管系统疾病的治疗。

生活中还可作为辅助配料治疗感冒、关节炎、风湿病等。

（1）香炉和蒸发器熏香，在蒸汽疗法中，它可以用于缓解黏膜炎，增添活力、克服反胃晕船，治疗感冒、流感。

（2）做复方按摩油或稀释在盆浴中使用，它可以用于治疗关节炎、风湿病、反胃晕船、感冒和流感、肌肉疼、呕吐。

（3）做面霜或润肤乳添加成分使用，作为面霜或润肤乳的一部分，它可以用于治疗关节炎、肌肉疼、风湿病，也有助于治疗不良循环和消散淤伤。

（4）做热敷配料，在热敷材料中使用时，姜精油可以用于治疗关节炎、风湿病、肌肉疼和消化不良。

（5）滴在手帕上使用，为了方便使用，在手帕上滴1滴姜精油，及时快速吸入，有助于治疗晕船、清晨恶心、消化不良、感冒和流感等症状。

第三节　小林黄姜的品种特性

生姜为重要的经济作物，它喜温、喜湿、耐阴，但不耐霜、不耐寒。由于其根系不发达，抗旱能力弱，因此在生姜生长期内必须保证遮阳和足够的水分。

姜为浅根性植物，根系主要分布在表土33 cm的范围内，姜的根可分纤维（须）根和肉质根两种，从幼芽基部发出的根为纤维根，是主要的吸收根系，姜母及子姜的茎节上发生的根为肉质根，兼具吸收和支持功能。

茎，地上茎为假茎，叶鞘抱合而成，假茎上有茸毛，基部略带紫色，内包有嫩叶，高80 ~ 100 cm；地下茎为根茎，是姜贮藏养分的器官，节间短而密。姜的整个根茎是姜母、子姜、孙姜、曾孙姜等的组成体。

叶，姜叶包括叶片和叶鞘两部分。叶片呈披针形，绿色，具横出平行叶脉，叶柄较短，叶片互生，长15 ~ 30 cm，宽2 ~ 3 cm，先端渐尖基部渐狭，平滑无

毛，有蜡质。叶片下部为革质不闭合的叶鞘，叶鞘绿色，狭长而抱茎。叶片和叶鞘连接处有膜状突出物，称为叶舌。叶舌内侧有叶孔，新生叶片都从叶孔中抽生出来。

花，姜在热带开花，花色一般为黄色花似囊荷，姜为穗状花序，但极少开花结果。

小林黄姜具有长势强、块茎大、形为爪、皮淡黄、肉蜡黄、纤维少的特点；其外形小巧，姜片较薄，分枝多，多两片重叠，似双峰状。始挖的新姜，皮色鹅黄，芽尖淡红，小巧玲珑而色泽悦目。株形平展，叶呈披针形，叶色绿，子姜黄白色，呈灯泡形。株高115 ~ 130 cm，分株数15 ~ 20个，叶长25 ~ 27 cm，叶宽3.2 ~ 3.4 cm，单株块茎重500 ~ 650 g，产量2 000 ~ 2 400 kg/亩。品质经测定，水分含量86.6%，粗纤维含量1.2%，粗蛋白含量1.3%，挥发油含量0.7%，姜辣素含量16 450.8 mg/kg。抗性经浙江省农业科学院鉴定，高抗姜瘟病，中抗姜白星病。

第四节 小林黄姜栽培技术

一、地块选择

姜田应选择交通便利、避风向阳、地势高（地下水位在1.0 m以下）、土壤肥沃疏松的壤土或沙壤土，有机质含量高、排灌条件良好、无姜瘟病，土壤酸碱度以pH值5.5 ~ 6.5为宜。在黏重潮湿的低洼地栽种生长不良，在瘠薄保水性差的土地上生长也不好。前茬作物为番茄、茄子、辣椒、马铃薯等茄科植物的地块不宜作为姜田，姜田应与非茄科植物轮作三年以上。

二、整地施基肥

播种前进行翻耕，深30 cm以上，做成连沟宽80 ~ 100 cm的高畦，四周建不少于30 cm深的排水沟。每亩施优质腐熟农家肥2 000 kg，加钙镁磷肥30 kg，基肥在整地前或整地后施用，可加硫酸锌1 kg和硼砂0.5 kg。如果使用菜饼壅姜，则每亩施200 ~ 250 kg，所产生的姜尤香。

三、种姜准备

在播种前30天左右，从窖内取出种姜，选肥大、丰满、皮色黄亮、肉质新鲜、不腐烂、未受冻、质地硬、无病虫的健康姜块作种姜。姜种用1.8%阿维菌素800倍液，或3%中生菌素800倍液浸种处理5 ~ 10分钟。

四、催芽

1. 上炕催芽

种姜放在覆土5 cm的炕内，放4 ~ 5层，中间用稻草隔离，顶层先盖姜草秸秆，再覆盖稻草，采用木炭加盖锯末的方法加温，控制催芽温度在22 ~ 25℃，并掌握前高后低。20天左右，待姜芽生长至0.5 ~ 1.0 cm时，按姜芽大小分批播种。

2. 电热丝催芽

用电热丝催芽发芽整齐。在苗床上铺电热丝，种姜放在覆土5 cm的电热丝上方，高度不超过40 cm，并用干稻草覆盖，厚8 ~ 10 cm，最上面覆盖薄膜保温，每平米薄膜开直径5 cm的圆孔一个。电热丝加温直至姜芽呈米粒状大小，温度控制在24 ~ 26℃（图6-4）。

图6-4 催芽

五、播种时间及密度

一般4月下旬至5月上旬播种。地膜栽培可提早至4月上中旬播种。一般株距20 ~ 25 cm，行距30 ~ 35 cm，每亩用种量为250 ~ 300 kg。地膜栽培可适当提高播种量及密度。播种时将种姜掰成30 ~ 50 g重的姜块，每一姜块留一健壮的芽，其余芽全部抹去，开7 ~ 8 cm的深沟排姜，把种姜平放或稍向下斜放入沟中，使幼芽方向保持一致，覆土3 ~ 4 cm，再覆盖稻草，厚度以不见泥土为宜，以防止土壤板结和杂草生长（图6-5）。

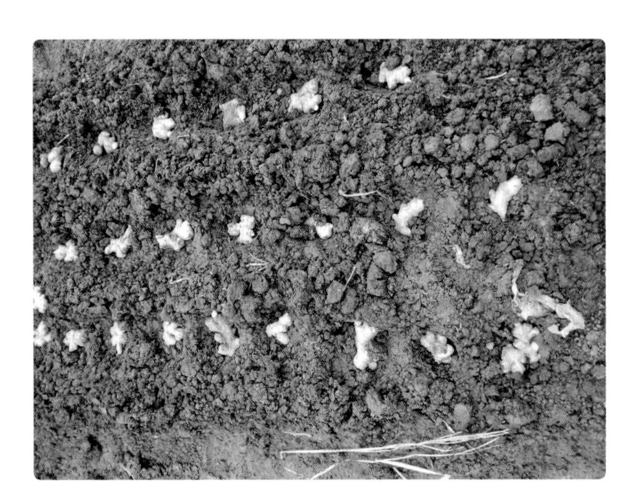

图6-5　播种

六、遮阳

生姜是典型的喜阴植物，不耐高温。由于生姜苗期生长处于炎热的夏季，阳光强烈，气温、地温很高，需要进行遮阳避免强烈阳光的照射，减少强光对姜苗生长的抑制作用。否则姜苗矮小，生长不良，产量不及正确遮阳栽培的一半，因此，生产上多建议进行遮阳栽培。适当的遮阳能促进姜的生长，提高根茎产量。遮阳可增加主茎、枝叶数、叶面积、全株鲜重和根茎鲜重（图6-6、图6-7）。

图6-6　遮阳

图6-7　晒死

简易大棚的搭建。在生姜种植前，搭建简易大拱棚，中间最高处2 m，两侧1.8 m；打木桩（或水泥桩），高1.8 m。

钢管大棚的搭建。大棚设施为单栋GP832钢架，棚宽8 m，主拱杆外径25 mm、拱杆间距小于0.8 m、肩高1.5 m、顶高3.1 m。

在7—9月，使用透光率50%的遮阳网。一般将几幅遮阳网按地宽缝接在一起，以4～5幅为宜，覆盖在已搭建的大棚或架子上遮阳降温，遮阳可以改善田间小气候，为生姜幼苗的生长创造适宜的环境。在炎热干燥的天气，遮阳可以减少水分的蒸发，使土壤水分更加稳定。同时还能保持空气湿润，减少干热风对生姜幼苗的不利影响。

一般在天气转凉，光线弱，植物进入蓬勃发展时期，植物开始互相遮挡，要及时清除遮阳设施，否则会使光线不足，对植物的生长、光合面积的扩张和提高光合作用产生负面影响。

七、田间管理

1. 中耕除草

姜为浅根性作物，根系主要分布在土壤表层，因此不宜多次中耕，以免伤根。一般在出苗后结合浇水，中耕1～2次，并及时清除杂草。进入旺盛生长期，植株逐渐封垄，杂草发生量减少，可采用人工拔除的方法除草。最好不用除草剂防除杂草，可采用黑色地膜覆盖或覆盖白色地膜再盖一层薄土等方法防除杂草。

2. 灌溉

姜苗不耐旱，根系又浅，应合理浇水，出苗前一般不浇水。一般等到姜苗70%出土后再浇水，始终保持土壤的湿润状态。夏季一般2～3天浇1次；立秋前后，4～5天浇1次，沟灌浅水。具体应根据天气、土壤质地及土壤水分状况灵活掌握，且注意雨后及时排水，生育期内应始终保持土壤相对湿度70%～80%，才能使生姜健壮生长。有条件的基地可采用滴灌技术，用喷灌、微喷灌、滴灌等方式进行灌水，而灌水宜于早晨进行，忌中午灌溉，以免发病。

3. 培土

进入7月，应根据生姜生长情况，及时进行培土2～3次，每次培土3～7 cm，第一次培土可以在生姜长出4～5个分杈且根茎未露出地表时进行。一般与追肥结合进行，确保生姜不露出土面。

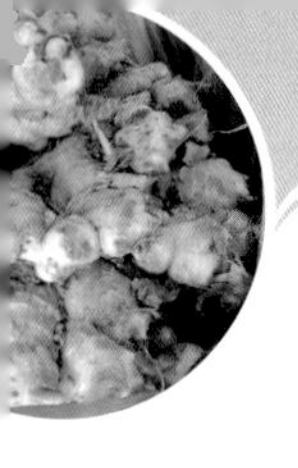

八、施肥

姜对钾肥的需要最多，氮肥次之，磷肥最少。以下介绍目标产量2 000～2 500 kg的小林黄姜施肥方法。

1. 常规施肥

提苗肥（6月上中旬），每亩施尿素20 kg；分枝肥（7月上中旬），每亩施复合肥（20-10-20）25 kg；块茎膨大肥（8月20日），每亩施复合肥（20-10-20）30 kg、硫酸钾10 kg。

2. 肥水一体化施肥

提苗肥（6月上中旬），每亩施尿素20 kg；分枝肥（7月上中旬），每亩施水溶肥（20-10-20+Te）5 kg/次或（12-6-12+Te）8 kg/次，共4次；块茎膨大肥（8月20日），每亩施水溶肥（20-10-30+Te）5 kg/次或水溶肥（9-6-15+Te）10 kg/次，共4次。

第五节 小林黄姜的大棚栽培技术

采用钢管或竹拱架结构大棚。单栋钢管大棚用GP832钢架，棚宽8 m，主拱杆外径25 mm、拱杆间距小于0.8 m、肩高1.5 m、顶高3.1 m（图6-8）；竹拱架结构大棚一般棚宽10 m，长度以35～40 m，高2.0～2.5 m为宜，依地形而定，可采用东西或南北向开沟起垄种植。栽植生姜前7～10天盖好棚膜。以利于提高地温，促进生长。棚内白天温度控制在22～28℃。夜间不低于15℃。大棚设施可提前至3月种植，可适当提高播种量及密度。当温度高于要求温度时，

图6-8　单体大棚

应通风降温。

铺地膜，由于早春地温低，播种后应立即铺地膜，以促进发芽。地膜可选用宽90 cm、厚0.05 mm的黑色透光膜，把两个种植沟做成一个小高垄便于铺地膜，地膜两边用土压实，防止因漏气而滋生杂草。

当大棚内温度高于35℃时，应及时通风降温，以防烧苗。姜喜阴不耐高温和强光照射，尤其是中午，在气温高、阳光强烈时，可撤去棚膜换上遮阳网，也可以用棚膜作遮阳物，但要打开顶部与基部棚膜进行通风，以防高温强光灼伤幼苗叶。

其他管理与露天同。

第六节　小林黄姜的病虫害防治

病虫害防治按照“预防为主，综合防治”的原则，优先采用农业防治和生物防治措施，合理采用化学防治措施。

（一）生姜主要病害

生姜主要病害有姜瘟病、炭疽病和叶斑病等。

1. *姜瘟病*

又称腐烂病或青枯病，属细菌性病害，病原为细菌青枯假单胞杆菌，主要为害地下茎或根部，肉质茎先受害，初呈水渍状、黄褐色、无光泽，后内部组织逐渐腐烂，仅留皮囊，流出污白米水状恶臭汁液，叶片呈凋萎状，叶色淡黄，叶缘褪绿卷曲，叶片易脱落，直至全株枯死（图6-9）。

图6-9　姜瘟病

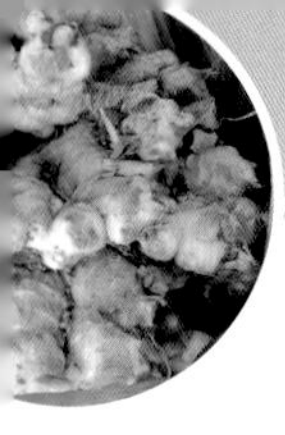

姜瘟病的发生规律为病原细菌在带病姜种内及随病株残余组织遗留在田间越冬。种植带病种姜是主要的初侵染源，也是病菌向新姜区远距离扩散传播的重要途径。在环境条件适宜时，种姜发病，借雨水、灌溉水等传播，从植株根茎部和子姜的自然裂口或机械伤口侵入，经潜育发病后扩大蔓延，进行多次再侵染。

病菌喜高温高湿的环境，发病温度范围为4～40℃，最适发病环境5 cm土温为25～28℃，土壤含水量20%～30%；全生育期和贮藏期均能感病。发病潜育期5～10天。

临平区姜瘟病的盛发期在6—9月。梅雨期间多雨或夏秋多雨的年份发病重；旬雨量达到80～100 mm以上、土温25℃以上，雨后一周田间即可出现发病高峰。田块间连作地、排水不良的田块发病较早、较重。栽培上种姜筛选不严、种植过密、通风透光差、偏氮施肥、大水漫灌的田块发病重。

农业防治：选种留种用的姜块，最好另设留种田进行栽培；在生长期间多施钾肥（草木灰等），少施氮肥（如尿素等）；采收时晾晒7～8天，降低种块水分进行贮藏；在大田生产中选择植株健壮、姜块充实、无病虫害感染、不受损伤的姜块，进行晾晒后，贮藏作种；茬口轮作，与十字花科等蔬菜2～3年轮作，以减少田间病菌来源；合理密植，科学施肥，开好排水沟系，严禁大水漫灌，防止雨后积水引发病害；清洁田园，发现病株及时连根拔除；收获后及时清除病残体，带出田外深埋或烧毁，并深翻土壤，加速病残体的腐烂分解。

生物防治：每100 kg种姜用蜡质芽孢杆菌（有效成分8亿个/g）240～320 g制剂浸泡30分钟，或每亩用400～800 g制剂顺垄灌根，也可用72%新植霉素乳油剂4 000倍液或72%农用硫酸链霉素可溶性粉剂3 000～4 000倍液灌根防治，每隔7～10天浇1次，连续浇2～3次，每穴浇根药液300～500 g。

化学防治：姜瘟病用20%叶枯唑可湿性粉剂1 300倍液，10天喷1次，连续3次；也可用46%氢氧化铜水分散颗粒剂1 000～1 500倍液，或20%噻菌铜500～600倍液，或20%噻唑锌悬浮剂500～600倍液灌根和喷雾防治。用以上药液进行土壤处理，并用石灰打点做标，待生姜收获后，将此处土壤深埋。防治时应注意多种不同类型农药的合理交替使用。

2. 炭疽病

生姜炭疽病病原为辣椒刺盘孢和盘长孢状刺盘孢，属半知菌亚门真菌，其病菌可在病残体或土壤中越冬，主要是靠雨水溅射或昆虫活动进行传播，造成初侵染和再侵染（图6-10）。主要为害生姜叶片，首先从叶尖及叶缘出现病斑，最初呈水渍状褐色小斑，逐渐扩大成梭形或椭圆形褐斑，整个病斑会连成大片形成病块，使叶片发褐干枯。连作重茬，植株生长过旺，田间湿度大，偏施氮肥，均有利于该病发生。农业生物防治与姜瘟病同。化学防治选用32%苯甲·嘧菌酯500～750倍液，或25%吡唑醚菌酯乳油2 000倍液，或68.75%噁唑菌酮·锰锌水分散颗粒剂1 000倍液等喷雾防治。

图6-10　炭疽病

3. 叶斑病

生姜叶斑病病原为姜球腔菌，病菌在病残体上越冬，春天产生子囊孢子，借风雨、昆虫或农事操作传播蔓延。高温、高湿容易发病，连作地、植株长势过密、通风不良、氮肥过量、植株徒长发病重。姜叶斑病主要为害叶片，叶片出现黄白叶斑，呈梭形或长圆形，逐渐向整个叶面扩展，病斑表面有黑色小粒点，斑点易破裂或穿孔。农业生物防治与姜瘟病同。化学防治发病初期可选用30%苯醚甲环唑水分散粒剂1 000倍液，或50%腐霉利可湿性粉剂900倍液+60%唑醚·代森联水分散粒剂750倍液喷雾，或50%异菌脲悬浮剂1 000倍液喷雾防治（图6-11）。

图6-11　叶斑病

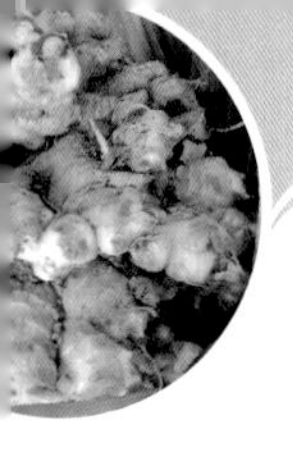

（二）主要虫害

姜主要虫害有姜螟、甜菜夜蛾和小地老虎等。

1. 姜螟

姜螟（又名玉米螟），属鳞翅目螟蛾科，是为害生姜的主要害虫。它的食性很杂，主要以幼虫取食为害，幼虫孵化2～3天自叶鞘与茎秆缝隙处或心叶处侵入，咬食嫩茎，之后钻蛀茎秆（蛀入孔处有蛀屑和虫粪堆积），致使水分及养分运输受阻，使得蛀孔以上的茎叶枯黄、凋萎，有外力作用时极易折断（图6-12）。

图6-12 姜螟

发生规律：姜螟一般每年发生2～4代，集中为害期正好与姜株的旺盛生长期相吻合。1条姜螟幼虫可为害3～7株姜苗。姜螟第1代发生在5月下旬至6月上旬，为害刚出土的姜苗，第2代发生在7月中下旬，第3代发生在8月下旬至9月上旬。“秋分”后以老熟幼虫在姜及其他寄主茎秆内越冬。

农业防治：加强田间管理，在收获后或整地前，把虫蛀的断株、枯叶等遗留物清理干净并集中销毁；大田生长期内发现虫害株后，可将其相关叶或地上茎剥除掉并销毁。

物理防治：每3～5天早晚到田间检查1次，发现有姜叶片干尖或叶卷缩下垂，茎部有虫孔和排泄物时，用小刀剥开受害的部位，将虫杀死。

生物防治：释放赤眼蜂，将赤眼蜂蜂卡间隔8 m悬挂在竹竿上，每亩设置5～8个释放点，释放点间隔为10～12 m，在成虫产卵期或初盛期每亩1次释放10 000头，每3天放1次，连续释放2～3次。性诱剂防治，平均每亩1个，距离地面1.5～2.0 m，诱芯有效期约30天更换。

化学防治：用5%氯虫苯甲酰胺1 500倍液，或2.5%氯氰菊酯乳油2 000～3 000倍液，或15%茚虫威悬浮剂4 000倍液，或60 g/L乙基多杀菌素悬浮剂2 000倍液轮换喷雾防治。

2. 甜菜夜蛾

甜菜夜蛾属鳞翅目夜蛾科，别名夜盗蛾、菜褐夜蛾、玉米夜蛾。是多食性害虫，在国内已知的寄主有78种。寄生范围广、幼虫抗药性强、防治难度大，是影响蔬菜食品安全生产的障碍性害虫。年发生5～6代。甜菜夜蛾为害特点是初孵幼虫群集叶背，吐丝结网，在内取食叶肉，留下表皮，成透明小孔。3龄后可将叶片吃成孔洞或缺刻，严重时仅剩叶脉和叶柄。生活习性为该虫是一种间歇性大发生为害的害虫，当环境温度达到20℃以上，土中越冬的幼虫就可出土活动为害。在保护地栽培最早的成虫始见期在2—3月、露地的最早成虫始见期可在4月上中旬，到11月下旬至12月上旬终见成虫。每年的8、9月是此虫的为害高峰期，一般夏季连续高温、干旱，在天敌减少的前提下，常易引起该虫的大暴发。在3龄前群集为害，从4龄以后分散取食，并进入暴食期，幼虫昼伏夜出，有假死性，老熟幼虫抗药性强，药剂防治应以低龄幼虫为佳。幼虫老熟之后，即入土1～3 cm吐丝筑室化蛹（图6-13）。

图6-13 甜菜夜蛾

农业防治：人工摘除卵块和未分散的低龄幼虫。冬季及时清除残株并集中销毁；全田换茬时深耕灭蛹。

性诱剂防治：平均每亩1个，距离地面1.5～2.0 m；诱芯有效期约30天更换。也可用糖醋液诱杀，糖醋液比例为糖：醋：水=3：1：6。

生物防治：用10亿PIB/ mL夜蛾核型多角体病毒悬浮剂（奥绿一号）1 000倍液防治。

化学防治：用14%氯虫·高氯氟1 500～2 000倍液，或5%氯虫苯甲酰胺悬浮剂1 500倍液，或20%氟苯虫酰胺水分散粒剂3 000倍液，或5%虱螨脲乳油1 000倍

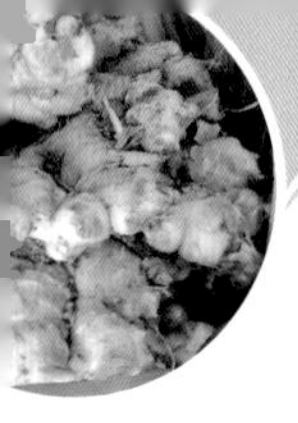

液，或10%虫螨腈悬浮剂2 000倍液，或15%茚虫威悬浮剂4 000倍液等防治。用药时间选择8:00以前，或18:00以后，害虫正在菜叶表面活动时效果最佳。

3. 小地老虎

属鳞翅目夜蛾科，一年发生3～4代，老熟幼虫或蛹在土内越冬。早春3月上旬成虫开始出现，一般在3月中下旬和4月上中旬出现两个发蛾盛期。幼虫共分6龄，其不同阶段为害习性表现为1～2龄幼虫昼夜均可群集于幼苗顶心嫩叶处取食，这时食量很小，为害也不十分显著；3龄后分散，幼虫行动敏捷、有假死习性、对光线极为敏感、受到惊扰即卷缩成团，白天潜伏于表土的干湿层之间，夜晚出土从地面将幼苗植株咬断拖入土穴或咬食未出土的种子，幼苗主茎硬化后改食嫩叶和叶片及生长点，食物不足或寻找越冬场所时，有迁移现象。5、6龄幼虫食量大增，每条幼虫一夜能咬断姜苗4～5株，多的达10株以上（图6-14）。

土壤处理：防治幼虫，用0.2%联苯菊酯颗粒剂5 kg拌土在近根际条施或点施防治；或3%辛硫磷4～5 kg/亩拌土，行侧开沟施药或撒施，然后覆土；或50%辛硫磷乳油1 000倍液灌根，每穴用药液100 g左右。

化学防治：3月底至4月中旬是第1代幼虫为害的严重时期。幼虫3龄后对药剂的抵抗力显著增加。因此，在1、2龄幼虫盛发高峰期用药，一个代次根据虫口密度防治1～2次，防治间隔期7～10天，喷药宜在傍晚进行，有利提高防治效果。药剂选用150 g/L茚虫威悬浮剂3 000倍液，或10%虫螨腈悬浮剂1 000～1 500倍液，或50 g/L虱螨脲乳油800～1 000倍液等喷雾防治。

图6-14　小地老虎

第七节　采收与贮藏

姜收获方式有3种，即起“娘姜”、收嫩姜和收老姜。

一、起“娘姜”

图6-15　起“娘姜”

一般按苗情起“娘姜”，宜在夏至至小暑间的晴天，用尖竹签在子姜与母姜连接处切取“娘姜”，做到“娘离子不伤”。一般可收回芽姜重量的80%～90%，娘姜宜制姜片和姜粉（图6-15）。

二、采收嫩姜

嫩姜，是姜芽未成熟阶段的根状茎，生姜一般在6月下旬至7月上旬封行，封行后便可采收嫩姜，按隔行采收的方式采收。嫩姜外表一般都是黄白色的，姜头部呈红色，皮薄肉嫩，辛辣淡薄，几乎无粗纤维，吃起来脆嫩鲜香，嫩姜肉质鲜嫩，味轻，含水量高，不耐贮藏，可作蔬菜鲜食，也可作为腌泡菜或制作酱姜、醋姜、糟辣椒调料，食味鲜美，极受市场欢迎，经济效益好。大棚栽培可提前至5月采收，此时销售的嫩姜价格高效益好（图6-16）。

图6-16　采收嫩姜

三、收获老姜

老姜是指成熟度比较高的根茎姜块，通常在生姜生长进入休眠期时采收，姜不耐寒，生姜最佳收获期在立冬前后一周左右，这时采收的姜块产量高，辣味

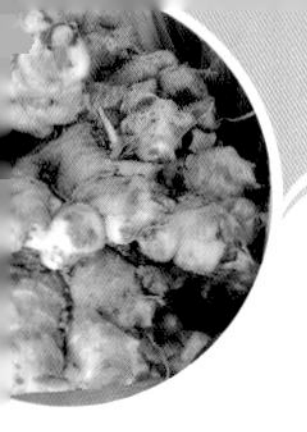

重，且耐贮藏运输，作为调味或加工干姜片，也可贮藏待翌年留作种姜。但采收必须在霜冻前完成，防止受冻腐烂。一般同一天采收的生姜放置同一窖池内，且当天采收当天入窖（图6-17）。

图6-17　收获老姜

四、贮藏

选择地势较高、地下水位较低、无积水的地方。窖池宜深1 m，宽1.5～2 m，长3～8 m。窖池底部铺少量干稻草，并且在窖内每隔50～80 cm垂直放置5～6根一捆的小竹竿，每捆直径18～20 cm，高度以高过窖面10 cm为宜。生姜入窖时轻拿轻放，高度比窖口略高，姜面略凸，四周用姜秸秆插好，将窖四周的泥土压姜秸秆，姜面再用姜秸秆覆盖5 cm厚，再用稻草覆盖保温。窖内温度保持在11～13℃，空气相对湿度保持在90%以上（图6-18）。

图6-18　贮藏

第七章

临平甘蔗

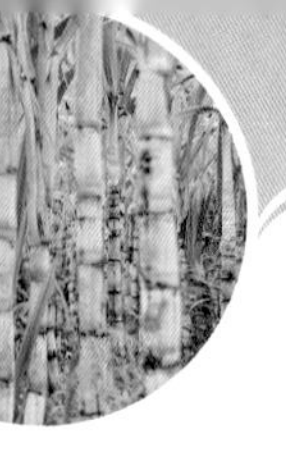

第一节 临平甘蔗的历史文化

甘蔗是禾本科的多年生草本植物。临平甘蔗，属果蔗类，作水果食用，是临平区的一宗著名特产。临平甘蔗始植于唐，盛栽于南宋，已有千余年的栽培史。因其松脆多汁，甜而不腻，食之口中无碎屑，被列为南宋“贡品”，名扬于世。

临平甘蔗原先主要分布在小林、双林、星桥、翁梅、乔司、塘南、超山等乡。甘蔗易栽产量高，一般亩产3 000 ~ 4 000 kg，主要品种是紫皮和青皮两种，一般在清明前后种植，立冬收获，在10月至翌年3月上市，是冬季最佳时令水果之一。因甘蔗可鲜吃，也可窖藏至翌年清明食用，可调节淡季水果市场，20世纪临平区所产甘蔗远销江苏、上海、山东、河南、江西、安徽等10多个省市。

临平甘蔗因其松脆多汁，甜而不腻，其味甚佳，愈近根部，愈觉甘甜，食之口中无碎屑。故有“脆比雪藕甘比蜜，滴滴入口沉疴痊”之美誉。民国《杭州府志》卷七十八载：“仁和临平、小林多种之，以土窖藏至春夏可经年味不变，小如芦者曰荻蔗”。《祥符志》有记载：“杭州土贡甘蔗。临平、小林、塘栖多种之。皮青者胜，紫者次之。又有小如芦者，曰荻蔗，亦甘”。民国《杭县志稿》卷六《物产》有记载：“甘蔗，产自丁山湖一带，南至小林，栽种之广，不亚枇杷，品种亦多。早者秋分可以收获，迟者在霜降之后。寒冻之时，须预藏土窖，至春发卖，味亦较甜。蔗分青、红两种（图7-1、图7-2）。红者色红紫，茎围细长，质地坚实，含糖分较少。青者皮薄，色青，质地脆美，生食殊佳，亦可供制糖之用”。

图7-1 青皮甘蔗

图7-2 紫皮甘蔗

清代诗人姚宝田撰《甘蔗》诗称："小林贡甘蔗，记之潜氏书。登场舞竿木，到老味有余。似此坚多节，异哉心未虚"。盖虽出于小林，而唐栖各乡种者尤多也。

民国《杭县志稿》卷十四《实业》记载，20世纪30年代初，常年总产45万担，价值27万元（当时币值），1949年全县种植0.51万亩。此后，直到1980年，大致每年种植面积在0.5万余亩左右。1983年实行家庭承包责任制后，蔗区农民为增加经济收入，竞相发展甘蔗。1987年全县甘蔗种植面积达到高峰的4.25万亩，1996年退至1.86万亩。目前临平区种植面积在300亩左右。

甘蔗适合栽种于土壤肥沃、阳光充足、冬夏温差大的地方。甘蔗是温带和热带农作物，是制造蔗糖的原料，且可提炼乙醇作为能源替代品。全世界有一百多个国家出产甘蔗，最大的甘蔗生产国是巴西、印度和中国。

在临平民俗中，办喜事时将甘蔗切成段，两头染红分给亲邻，寓意"甘甜似蜜、步步高、节节高"。过春节时用整株的甘蔗分给小孩子，名曰"敲锣甘蔗"。也有把两根刨过皮的甘蔗扎成一对馈赠长者或探望病人，隐喻"甘蔗老头甜，越活越清健"。

甘蔗也被杭人当作讨吉利的水果。在城中，青皮甘蔗粗壮甜脆，水分多，价贵。旧时，在过年前，家里要买一捆青皮甘蔗，削根须，斩梢头，洗干净，放门背后。除夕夜，分岁散福，放爆竹，关门大吉，在门两边各放一支青皮甘蔗。年初一开门就见，寓意节节高、节节甜。年初二，去外婆家拜年，须有两根用红丝线捆好的青皮甘蔗。甘蔗虽不是高档礼品，但俭朴的农民视若珍宝，并把它当作一种吉祥物。

第二节　临平甘蔗的实用价值

果蔗是一种天然水果，其皮薄茎脆、汁多味甜且含多种氨基酸及矿物质元素，具一定的保健功能，我国南方各省均有种植。在中国有悠久的栽培历史，在我国古代被列入补益药。

甘蔗鲜嫩质脆、味甜汁多、营养丰富，与一般水果比较，尤为经济实惠。值得称赞的是，其蔗糖分（含量为14%～16%）主要由蔗糖、果糖、葡萄糖组成，

还含有对人体新陈代谢非常有益的各种维生素、脂肪、蛋白质、有机酸、钙、铁等物质，极易为人体所吸收。甘蔗每100 g可食部分中，含水分84 g、蛋白质0.2 g、脂肪0.5 g、碳水化合物12 g、钙8 mg、磷4 mg、铁1.3 mg。蔗汁中含多种氨基酸，有天门冬素、天门冬氨酸、谷氨酸、丝氨酸、丙氨酸、缬氨酸、亮氨酸、正亮氨酸、赖氨酸等。此外，在甘蔗茎的顶部（生长点）含维生素B_1、维生素B_2、维生素B_6。茎节中含维生素C。

甘蔗也是有名的中药原料。《本草纲目》载："甘蔗性平，有清热下气、助脾健胃、利大小肠、止渴消痰、除烦解酒之功效，可改善心烦口渴、便秘、酒醉、口臭、肺热咳嗽、咽喉肿痛等症"。中医认为，蔗汁是解渴、生津、润燥、滋养之佳品，能主治下气和中，助脾胃，利大小便，清痰止咳，除胸烦热，解酒毒，止呕哕等；现代研究也证明，蔗汁可充饥解渴，有醒脑提神等功效。

民间流传，甘蔗与荸荠、竹叶共煎服，有清火、止咳等功效；将甘蔗用柴火蒸熟吃，能治小儿百日咳。甘蔗的皮和叶，是当地湖羊和草鱼的饲料；蔗渣经过处理可作有机肥料，如食用菌的基础材料。

在工业上，甘蔗可用来制糖，蔗渣可用来制纸、纤维板、酒精、味精、酵母、木糖醇、增塑剂、树脂等。甘蔗真可谓浑身是宝。

第三节 临平甘蔗的品种特性

甘蔗是禾本科甘蔗属植物，原产于热带、亚热带地区。甘蔗是一种高光效的植物，光饱和点高，二氧化碳补偿点低，光呼吸率低，光合强度大，因此，甘蔗生物产量高，收益大。甘蔗是制糖的主要原料。甘蔗为喜温、喜光作物，对土壤的适应性比较广泛，以黏壤土、壤土、砂壤土较好，土壤pH值在6.5～7.5为宜。临平区以上塘河为界，上塘河南各地以种植"紫皮"为主，上塘河北各地以栽培"青皮"为多，塘栖镇种植秤杆青较多。临平甘蔗汁多味甜，除土质、气候条件适宜外，关键是蔗农用鸡粪、羊粪肥料为主，辅以菜饼施肥。临平果蔗的主要品种有：临平青皮、临平紫皮、秤杆青。

1. 临平青皮

又称上河青，叶姿呈披散形，茎粗细中等，基部消瘦，故又名"小脚青"，表皮呈黄绿色，皮薄，松脆无绵心，汁多，清甜蜜香，有鲜味，品质上等。农艺性状表现为气根少，茎形弯曲，节间形状呈腰鼓形，芽形状呈三角形，叶色绿，节间长度约8 cm，叶长约156 cm，叶宽约6.4 cm，株高约130 cm，茎径约3.8 cm，平均单茎重约1.30 kg，蔗糖分平均含量为15.4%，亩产量3 600 kg左右（图7-3）。

图7-3 临平青皮

2. 临平紫皮

叶姿呈披散形，表皮紫色，皮薄，松脆无绵心，汁多，清甜蜜香，食味好，品质上等。农艺性状表现为气根多，茎形直立，节间形状呈圆筒形，芽形状呈鸟嘴形，叶色绿，节间长度约8.5 cm，叶长约152 cm，叶宽约6.0 cm，株高约135 cm，茎径约4.0 cm，平均单茎重1.42 kg，蔗糖分平均含量为14.3%，亩产量4 000 kg左右（图7-4）。

图7-4 临平紫皮

3. 秤杆青

主产地为塘栖，长势较强，株高1.0 ~ 1.3 m，叶色浓绿，茎粗细中等，表面浅青，蔗粉厚，皮厚，汁液中等，肉质较粗，入口蔗絮稍有碎屑，味甜，很耐贮藏，品质中。

第四节 临平甘蔗的栽培技术

一、地块选择

选择交通便利、基地远离污染源，避风向阳、地势高，土壤肥沃、排灌条件良好，阳光充足的壤土地块为宜；土壤pH值以5.5 ~ 7.5为宜。

二、整地施基肥

冬季翻耕，深度25 ~ 30 cm。3月中下旬施基肥，施腐熟农家肥1 000 kg/亩，或商品有机肥400 ~ 500 kg/亩，加施硫酸型45%复合肥（15-15-15）20 kg/亩。

开植蔗沟，畦面南北向，做成龟背状，蔗沟的宽窄、深浅要因地制宜，沟深20 cm，沟底平，宽20 ~ 25 cm。行距1.2 ~ 1.5 m。

三、蔗种准备

选用芽饱满、节间均匀、芽鳞新鲜、无虫伤、无病害的蔗茎，或选用脱毒蔗种。将果蔗剥掉叶鞘，从芽下部节间2/3处截断，每段3 ~ 4个芽，芽向两侧，梢部节幼嫩的每段要保留4 ~ 6芽，切口应平滑不伤芽。一般分两级，中下部蔗节作为一级，幼嫩的梢部节作为二级。一级、二级分开播种。截种工具用75%医用酒精消毒。将分级完毕的蔗种用3%石灰水或50%多菌灵或甲基托布津1 000倍液浸种10分钟。

四、下种

下种时间在3月中下旬，晴天下种，表土10 cm内的温度稳定在10℃以上。线型单条排种蔗种平放，蔗芽向两侧，蔗芽与土壤紧密接触。下种后用细土或土杂肥盖种，厚度3 cm，均匀一致。每亩下种350 kg左右，有效芽量达到3 500 ~ 4 000芽（图7-5）。种苗排放后用辛硫磷250 g/亩细撒施于畦面，防地下害虫，覆盖细土2 cm。盖地膜前，将畦面表土湿润，每亩用50%乙草胺70 mL加40%扑草净120 g兑水30 kg均匀喷雾于土表，封杀杂草。全畦地膜覆盖，拉紧盖严。

图7-5　下种

覆盖地膜，用地膜厚度为0.004 ~ 0.008 mm、宽度范围为40 ~ 60 cm的甘蔗专用光生降解地膜覆盖种植沟，盖膜时要求上方拉平，膜面贴地，两边用细土压紧密封。膜面宜少压土，以利提高土温。

五、田间管理

1. 破膜露苗

开始出苗后，每隔1～2天破膜露苗1次，以免幼苗烧伤，细土填实破膜处；待气温20℃，蔗苗长出3～4片真叶时，揭去地膜。揭膜后，要及时查苗、补苗，发现断垄缺苗，用预先假植的蔗苗在阴天或17:00后进行补植。

2. 间苗定苗

5月中下旬，每隔3～5天1次，去弱留强，去密留稀，去迟留早，去病留健，去浅留深。留蔗苗3 500～4 000株/亩。间苗时间为分蘖末期到伸长初期，结合培土进行。

3. 除草培土

揭膜至封行之前，蔗田及时除草。小培土于分蘖初期真叶达到6～7片时进行，培土高3～5 cm；中培土于分蘖盛期，蔗株封行时，土高5.5～6.0 cm；大培土于伸长初期，土高15～20 cm。

4. 剥叶

拔节后经常清理老叶，每15天剥1次，上部留叶8～9片。最后1次剥叶，上部留6片叶片。剥叶时注意剥去脱壳叶，以防剥叶过早造成伤株，出现果蔗凹凸不平。

5. 水分管理

果蔗整个生育期对水分的要求是两头小中间大。即幼苗期、分蘖期、成熟期需水量较少，伸长期需水量大。苗期和生长后期如遇干旱时，要适当灌溉，雨水过多时要及时排除，积水对根系生长会造成严重影响。中期需水量大，7—9月高温干燥天气，应灌大半沟水后自然落干，保持田间湿润。

6. 追肥

施分蘖肥，分蘖初期7～8叶时，结合培土，施高氮硫酸型复合肥（20-8-12）15 kg/亩；施攻茎肥，伸长初期和生长盛期各1次，其中，伸长初期施高氮硫酸型复合肥（20-8-12）20 kg/亩，生长盛期施高钾硫酸型复合肥（12-8-20）20 kg/亩；施壮尾肥，9月中旬施尿素8 kg/亩。

第五节 临平甘蔗的大棚栽培技术

果蔗大棚栽培比露地栽培优势明显，增温保湿促进果蔗早生快发；品质好、污染少；提早成熟，可提早上市2个月，经济效益好。10—12月均可种植。大棚种植需注意两方面的问题。

一、防徒长问题

大棚内高温高湿，生长旺盛，特别是5月以后棚内温度在晴天达35℃以上，促进了果蔗迅速拔节伸长。这时要特别注意打开边膜，通风降温。揭膜时间要根据果蔗生长情况和天气变化灵活掌握，适时揭膜。太早揭膜，浪费了大棚优势，果蔗得不到优越的生长条件，影响果蔗伸长增粗；过迟揭膜，果蔗长时间受棚内40℃左右温度的灼烤，果蔗只伸长不增粗，甚至会妨害蔗果生长，影响商品性。

二、防倒伏问题

大棚果蔗长期受薄膜覆盖，棚内土壤没有直接受雨水冲淋，土壤较疏松，果蔗根基不实，容易形成头重脚轻状态，当薄膜揭掉，就很容易被风雨吹倒。为此要适当加大种植深度，减少下种量；要高培土，多施钾肥，增强抗倒伏能力。

其余技术与露天栽培相同。

第六节 临平甘蔗的病虫害防治

一、甘蔗的主要病害

临平甘蔗发生的主要病害为凤梨病、甘蔗虎斑病和甘蔗梢腐病等。

1. 甘蔗凤梨病

凤梨病属真菌性病害，病原以菌丝体或厚垣孢子潜伏在带病的组织里或落在土壤中越冬。在适宜的条件下病原主要侵染甘蔗种苗，使其不能萌发而造成严重损失。经种苗两端切口侵入，之后在薄壁组织间迅速蔓延。感病初期种苗切口呈红色，并散发凤梨香味，继而中心薄壁组织被破坏，其内部变空，呈黑色。轻度感病时，虽可萌发生长，但生长势弱，病情发展到一定程度，植株死亡。低温高湿，长期阴雨天气或过于干旱等不利于蔗苗萌发的因素，均可诱使该病发生。甘蔗种苗在窖藏期间，通过接触传染，也能引起病菌蔓延（图7-6）。

图7-6　凤梨病

防治方法：一是实行水旱轮作；二是种蔗消毒，用50%多菌灵或甲基托布津可湿性粉剂各1 000倍液浸种10分钟；三是将种苗剥荚后用2%～3%石灰水浸种12～24 h或用清水浸种1～2天。

2. 甘蔗虎斑病

病原为立枯丝核菌，属半知菌亚门真菌。以菌丝体或菌核在土中越冬，且可在土中腐生2～3年。菌丝能直接侵入寄主，通过水流、农具传播。症状主要发生在叶鞘上，近地面处先发病，病斑形状不规则，呈红色，中央渐变为灰黄色，边缘颜色较深，呈赤褐色。有时向叶片扩展，出现赤褐色宽横条纹虎皮斑纹状，故称虎斑病（图7-7）。

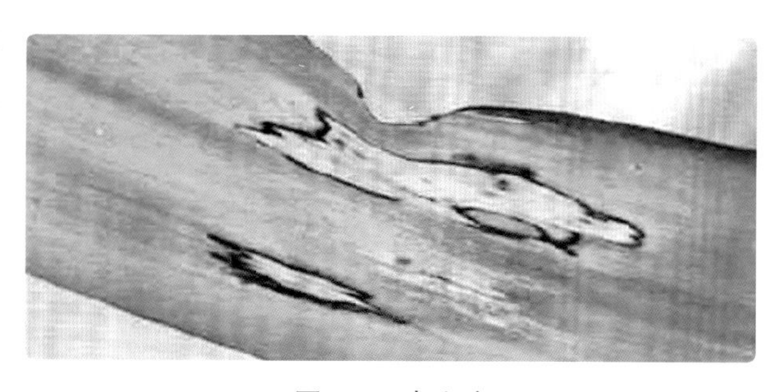

图7-7　虎斑病

防治方法：发病初期喷淋20%甲基立枯磷乳油1 200倍液，或40%井冈霉素水剂1 000倍液，或10%立枯灵水悬剂300倍液，或70%甲基硫菌灵水剂1 000～1 200倍液防治。隔7～10天1次，交换用药，连续防治3～4次。

3. 甘蔗梢腐病

甘蔗梢腐病是真菌性病害，病菌的分生孢子随气流传播，落到梢头心叶上，

遇有适宜的条件便萌发侵入幼嫩叶基部，侵入生长点附近的蔗茎，随后病部产生分生孢子，重复侵染。高温、高湿天气种植过密，过量施氮肥，生长过旺，组织柔嫩，均有利于病害流行（图7-8）。

图7-8　梢腐病

叶部染病幼叶基部缺绿黄化，较正常叶狭窄，叶片显著皱褶、扭缠或短缩；老叶有明显褶皱缩短，黄化处出现红褐色条纹病斑；叶鞘染病生有红色坏死斑或梯形病斑。梢头染病纵剖后具很多深红色条斑，节部条斑呈细线状，有的节间形成具横隔的长形凹陷斑，似梯状。发病最严重时形成梢腐，生长点周围组织变软、变褐，心叶坏死，整株甘蔗枯死。

农业防治：采用配方施肥技术，注意氮磷钾合理配合施用，避免偏施、过施氮肥；修整好排灌系统，及时排除积水；加强管理，及时剥去老叶，清除无效分蘖，挖除病株。

化学防治：选用40%井冈霉素水剂1 000倍液，或80%代森锰锌可湿性粉剂500～800倍液，或70%甲基硫菌灵水剂1 000～1 200倍液喷雾防治。隔7～10天1次，连续防治3～4次。

二、甘蔗主要虫害

甘蔗主要虫害有蔗螟、绵蚜虫、蔗龟和蓟马等。

1. 蔗螟

甘蔗螟虫属鳞翅目，常称为甘蔗钻心虫，是为害较普遍而严重的一类害虫，以幼虫或蛹在蔗茎（或蔗苗）地上部或地下部越冬。翌年以幼虫蛀入甘蔗幼苗和蔗茎为害（图7-9）。在甘蔗苗期入侵生长点部位，造成枯心苗，减少甘蔗单位面积的有效茎；在甘蔗生长中后期入侵蔗茎，造成虫孔节，破坏蔗茎组织，使甘蔗糖分降低，且易出现风折茎或枯梢，降低产量；甘蔗拔节后，幼虫钻入蔗节，造成螟蛀节；甘蔗伸长期受虫害造成“死尾蔗”。甘蔗在整个生长过程中受多种

图7-9　蔗螟

螟虫为害，为害甘蔗的螟虫主要有黄螟、条螟、二点螟、大螟和白螟等。为害至收获期。以老熟幼虫或蛹在蔗茎（或蔗苗）地上部或地下部越冬。

农业防治：消灭越冬蔗螟、减少虫源。及时清除蔗田残茎、枯苗、枯叶；选择无螟害的健壮蔗苗作种苗，用石灰水浸种，可防止蔗种传播螟害；适当提早植期，或推行冬植施足基肥，使分蘖早生快发，减少螟害造成缺株；实行轮作，2～3年水旱轮作一次，如甘蔗与水稻、番薯或蔬菜轮作，可减轻蔗螟为害；深沟高畦，防止积水，提高栽培水平，增强树体抗性，及时清除杂草。

理化诱控：按30亩布置1盏杀虫灯，灯距地面1.5 m，在蔗螟、蔗龟等害虫成虫高发期，每晚20:00—24:00开灯诱杀趋光性害虫成虫；在蔗螟成虫高发期，按每亩布置1个螟虫性信息素诱捕器，并间隔30天更换诱芯，诱杀成虫。

生物防治：在当年螟虫初发期开始，间隔10天释放赤眼蜂5～6次，每亩悬挂1 000头/卡的蜂卡5张。

化学防治：选用150 g/L茚虫威悬浮剂3 000倍液，或60 g/L乙基多杀菌素悬浮剂2 000倍液，或50 g/L虱螨脲乳油800～1 000倍液，或5%氯虫苯甲酰胺悬浮剂1 500倍液，或40%氯虫·噻虫嗪水分散颗粒剂4 000倍液喷雾防治。每亩用5%辛硫磷等颗粒剂3～5 kg与细土或化肥混合后施于蔗株基部，并覆土，既可防治螟虫，也可防治地下害虫，而且药效期较长。

2. 绵蚜虫

甘蔗绵蚜虫属半翅目蚜科，年发生20多代，完成1代需14～36天，世代重叠。绵蚜虫以孤雌胎生繁殖。在夏季繁殖最快。冬季以有翅成虫迁飞至蔗田附近的禾本科植物上，或秋、冬植蔗株上越冬。幼虫群集于叶片背部中脉两旁，以刺吸式口器插于叶中吸食汁液，使蔗叶枯黄凋萎，并排泄蜜露于叶片上，导致煤烟病发生，降低甘蔗光合作用（图7-10）。

农业防治：清除芦苇、杂草等越冬寄主；及早检查和消灭蔗田中新生小蚜

群，尚未大量扩散时抓紧消灭；人工抹杀，选择上午绵蚜虫群集未分散时进行。可用色板诱杀，每亩放置20～30片黄板诱杀。

图7-10 绵蚜虫

化学防治：在蚜虫发生初期用药，每隔7～10天喷1次，连续喷2～3次。可选用10%吡虫啉可湿性粉剂1 000～1 500倍液，或20%啶虫脒乳油1 500～2 000倍液，或25%吡蚜酮可湿性粉剂2 000倍液，或25%噻虫嗪水分散粒剂6 000～8 000倍液等喷雾防治。

3. 蔗龟

蔗龟，属鞘翅目金龟甲科，种类较多，其中以突背蔗龟、光背蔗龟（两者通常称黑色龟）、齿缘鳃金龟（黄褐色蔗龟）（图7-11）、二点褐金龟、绿色金龟（红脚丽金龟）等对甘蔗为害较大。一年发生一代，以3龄幼虫土中越冬。除黑色蔗龟幼虫、成虫均为害甘蔗外，其余蔗龟仅幼虫咬食甘蔗的下部。每年7—9月为为害高峰。旱地沙土含水量较低的蔗区，黄褐色蔗龟和二点褐金龟为害严重；含水量较高、有机质丰富的蔗田，黑色蔗龟发生最多。

蔗龟幼虫及黑色蔗龟成虫喜咬食甘蔗根部及蔗茎地下部。苗期为害造成枯心苗，使蔗田缺株断垄，有效茎数减少。而后为害地下茎部，受害蔗株遇台风易倒伏，遇干旱蔗叶呈黄色，叶端干枯，影响甘蔗产量及蔗糖分。

农业防治：实行轮作与深耕，有条件的地方可实行水旱轮作；及早进行深耕，可致部分幼虫及蛹死于地下；灌水驱杀，黑色蔗龟特别怕水淹，在5月成虫盛发期，放水浸蔗地，让水漫过畦面10分钟，驱使成虫浮出水面，立即组织人力捕杀，并及时排水，以免影响甘蔗生长；灯光诱杀，在成

图7-11 齿缘鳃金龟

虫盛发期用黑光灯进行诱杀。

化学防治：甘蔗摆种后，选用1%联苯·噻虫胺微乳剂3 000～5 000倍液均匀撒施于种植沟内，施药后覆土；或每亩50%辛硫磷500～750 g兑水1 000～1 500 kg淋施于蔗行间；或每亩用5%辛硫磷等颗粒剂3～5 kg，与细土或化肥混合后施于蔗株基部并覆土；或每亩用0.2%联苯菊酯颗粒剂5 kg拌土在近根际条施或点施防治。

地下害虫还有小地老虎、蝼蛄等，防治方法与蔗龟同。

4. 蓟马

蓟马，属缨翅目蓟马科，蓟马在长江流域年发生10～12代，世代重叠严重。成虫或若虫越冬。蓟马体形细小，成虫、若虫喜背光环境，常栖息于尚未展开的甘蔗心叶内以锉吸式口器锉破叶片表皮组织，吮吸叶汁，破坏叶绿素，影响光合作用；待叶片展开后，呈黄色或淡黄色斑块。蓟马为害严重时，叶尖卷缩，甚至缠绕打结，呈现黄褐色或紫赤色。蓟马主要在甘蔗苗期和拔节伸长期为害，一般发生在干旱季节，并繁殖特别快。如蔗田因积水或缺肥等原因，造成甘蔗生长缓慢时，蓟马为害便会加重；高温和雨季来临后，蓟马的发生会受到抑制（图7-12）。

图7-12　蓟马

农业防治：下种前深耕并施足基肥，促使甘蔗萌芽分蘖快，生长迅速。旱季及时灌水，施促效肥。蔗田积水及时排除。清除杂草。

色板诱虫：于成虫盛发期内，在田间设置含有植物源诱剂的蓝板，每20～30 m^2放置1张，诱杀成虫。

化学防治：当植株心叶始见有2～3头蓟马时应施药防治，若虫量大时，每7～15天防治1次，连续防治3～5次。选用24%螺虫乙酯悬浮剂3 000～4 000倍液，或60 g/L乙基多杀菌素悬浮剂2 000倍液，或25%噻虫嗪水分散粒剂4 000～5 000倍液，或40%啶虫脒水分散粒剂3 000～4 000倍液，或0.36%苦参碱水剂400～500倍液等喷雾防治。

第七节 临平甘蔗的采收与贮藏

1. 采收

霜降至冬至期间采收，从基部挖起，除去须根，砍掉梢叶，分等分级。要窖藏的果蔗挖掘时要求不伤蔗茎，保留叶鞘，斩去叶片，10根一捆，用塑料绳扎好。

2. 贮藏

（1）室内贮藏。温度5～8℃，横放地面，根梢方向一致，叠放整齐。堆放高度50～60 cm，用梢叶覆盖。

（2）室外贮藏。选择地势高、土壤干燥、排水畅通、光照均好、四周无污染源的地块窖藏。坑深50～60 cm，坑长3～4 m，坑宽2.0～2.5 m为宜。坑底中间开排水沟，宽20 cm，深20 cm，底部垫蔗叶，将鲜甘蔗（10根一捆）横叠高5～7层，蔗头朝一向或头根交叉均可，整齐堆放，同时要求每个窖藏不超5 000 kg。根部保持湿润，盖上蔗叶，用细泥严封。四周开排水沟，以防积水。经常检查窖坑，防冻、防热、防干、防湿、防鼠（图7-13）。

图7-13 窖藏

3. 选留种

采收时选留种。选择生长均匀，节间粗大，无碎裂，无病虫害的蔗株做种。采收时带根挖起，藏种同室外坑藏，并注意灭菌、防腐。

第八章

超山杨梅

第一节 超山杨梅的历史文化

杨梅为运河畔塘栖境内的超山特产。临平区超山杨梅在历史上久负盛誉。塘栖超山一带为历史上吴越国的故地，超山杨梅与闽广荔枝齐名。宋代超山杨梅已盛，大诗人苏东坡在杭州为官的时候，非常欣赏超山杨梅，有“闽广荔枝，西凉葡萄，未若吴越杨梅”之说。

清代《栖里景物略》有载：“塘栖超山产杨梅，南山杨梅尤佳”。到民国时，每年所产杨梅不下5万kg，主要有大炭梅、小炭梅之分。

据《杭县志稿》十四卷（1946年）记载：“杨梅，西自半山北麓沿南山地带，东至超山龙洞，为山家特产品。树形高大，叶阔长光滑，品类有早酸荔枝、镶红、炭梅等名，而以炭梅最佳。小者名金钱炭梅，亦优良。汁胞分尖，团两种，尖者稍耐藏，团者味较甜，南山产者核尤小，为上品。销路由火车运沪，载杭、湖者用轮船为多，包装用竹制短篮衬以蕨叶（图8-1），每担在廿六年前市价自八元至十二元，每树平均产一担以上”。由此可见，1949年前，余杭县杨梅生产分布较广。1949年后，主要分布在自半山沿山至南山、星桥、小林、超山一带。1952年余杭县杨梅种植面积2 300亩，年产杨梅22 024担。1985年，余杭县杨梅分布于超山、崇贤、小林、塘南、星桥、北湖、彭公、双溪、长乐等乡镇，而杨梅集中产区是崇贤、超山两地。1985年，余杭县有杨梅面积1 986亩，年产量254 t，种植面积占全县水果总面积的8.7%，产量占5.2%。进入21世纪后，杨梅面积、产量虽每年有增减但总体上仍保持基本稳定，尤其是杨梅产量增长较多。2015年，全区杨梅产量从2005年的539 t增加到1 210 t，增长124.5%。2018年，余杭区杨梅种植面积3 660亩，产量1 351 t。目

图8-1

前临平区杨梅种植面积1 700亩。

1981年6月，在余姚召开的浙江省杨梅评比会上，超山杨梅因个大、肉厚、味甜而名列前茅。

第二节 超山杨梅的实用价值

据测定优质杨梅果肉的含糖量为12%～13%，含酸量为0.5%～1.1%，富含纤维素、矿质元素、一定量的蛋白质、脂肪、果胶及8种对人体有益的氨基酸，其果实中钙、磷、铁含量要高出其他水果。

每100 g杨梅可食部分含水83.4～92.0 g、热量28 kcal、蛋白质0.8 g、脂肪0.2 g、碳水化合物5.7 g、膳食纤维1 g；果汁含糖量12～13 g、含酸量0.5～1.8 g、硫胺素10 μg、核黄素50 μg、烟酸0.3 mg、视黄醇当量92 μg、胡萝卜素0.3 μg、维生素A 7 μg、维生素C 9 mg、维生素E 0.81 mg、钙14 mg、镁10 mg、铁1 mg、锰0.72 mg、锌0.14 mg、铜20 μg、钾149 mg、磷8 mg、钠0.7 mg、硒0.31 μg。

《塘栖镇志》载：杨梅除鲜食外，还可加工成杨梅干、杨梅果脯、杨梅酱、杨梅罐头。每当杨梅收获季节，塘栖镇大街小巷，均有果农装筐叫卖，购者极众。它不像其他水果，多食也不会伤脾胃。它有生津止咳、帮助消化、益肾利尿、去暑解闷、除湿止泻之等功效。居民多用烧酒浸之，吃上几颗“烧酒杨梅”，就能消暑、开胃、止泻，有医治感冒、中暑和祛风湿、消疲劳之功能。其叶可提取芳香油，其木材坚质，可作木工材料。此外，杨梅树冠圆整、密荫婆娑，每至春日，雄树上长大的花红艳夺目；夏初时节，雌树上丹实离离，斑斓可爱，所以杨梅还是优良的观赏树种。

第三节 超山杨梅的品种特性

杨梅属杨梅目杨梅科。超山杨梅是常绿乔木，高可达12 m，胸径60 cm。其叶革质，呈倒披针形，幼叶背面有黄色的小油腺点。杨梅是典型的雌雄异株植

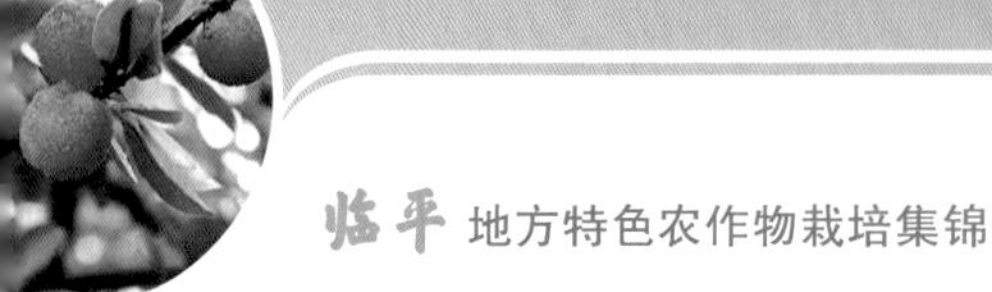

物，雌株和雄株在开花之前很难识别。花期在3—4月，雄花着生于叶腋，花序为圆柱形，黄红色，雌树上的花序呈卵状长椭圆形。雌花的结果枝一般有2～25个雌花序，花形大体上都为圆柱形。因此，在种植杨梅的时候，既要有雄株，又要有雌株，否则不能结果。杨梅的果实是球形的，直径有1.5～2.0 cm，成熟时，为紫红色、深红色或白色。其外果皮上密生着许多柱状的肉质囊状体，内富含液汁，果核十分坚硬。

超山杨梅现有大炭梅、小炭梅（金钱炭梅）、荔枝杨梅等品种，均为紫红色。

1. 大炭梅

是超山杨梅品种群中最出名的品种。该品种果大，形圆，平均单果重15.58 g，最大的可达18 g。叶片形状呈倒卵圆形，叶片边缘无缺刻，叶片长度约10.15 cm，叶片宽度约2.33 cm。果面呈深紫黑色，色深的程度，实属国内罕见。甜多酸少，味浓，肉质细而柔软，汁液极多，果色黑红带暗，美观，品质上等；果底有一颗翠绿色的“小瘤”，看上去宛如镶入黑绒毡中的翡翠，外观极美，这是识别大炭梅最简便的方法。大炭梅肉柱长而粗，呈棒槌状，尖端多钝圆，深紫黑色，内部为鲜红色。壁薄汁丰，含糖15%、含酸1.7%，甜酸适度，品质上乘。大炭梅以“色深如炭”而独具特色，与余姚的“荸荠种”、黄岩的“东魁”、温州的“东岙”、萧山的“迟色”杨梅一起被列为“浙江五大巨梅”。历史上，大炭梅的知名度则位于“五梅”之首，浙江农业大学编著的《果树栽培学》“杨梅”一节中，大炭梅被列为第一个优良品种。大炭梅鲜果不易保存，不耐贮运，少量被加工成蜜饯，较荔枝杨梅迟熟一周（图8-2）。

图8-2　大炭梅

2. 小炭梅

又名金钱炭梅，是超山杨梅的又一良种，果形较小，形圆，平均单果重11.15 g。叶片形状呈倒卵圆形，叶片边缘有锯齿，叶片长度约11.85 cm，叶片宽度约2.77 cm。果色紫黑，核小，含糖12.27%，甜多酸少，汁液多，肉质排列紧密，耐贮运，主产于崇贤、南山等地（图8-3）。

图8-3　小炭梅

3. 荔枝杨梅

是一种成熟早、产量高的品种。叶片形状呈匙形，叶片边缘无缺刻，叶片长度约8.8 cm，叶片宽度约2.8 cm。果较大，形圆，果色红，味酸，适合酿酒，较炭梅早熟一周，平均单果重11.62 g，含糖11.17%（图8-4）。

图8-4　荔枝杨梅

第四节 杨梅苗木繁育

一、苗圃地的位置

最好选择交通方便、地势平坦、水源充足的地段。如为坡地，一般坡度不超过5°为宜，坡向尽可能选朝北或东北。土质以土壤肥沃、质地疏松、土层深厚的砂壤土为好。黏土和盐碱土均不宜育苗。

二、种子采集

采集生长健壮的成年树上充分成熟的果实或实生杨梅的种子培育砧木。采下的果实，宜选择日光不直射的适当场所，将果实摊开堆积，堆积高度一般不超过15 cm。堆积4 ~ 5天，果肉腐烂，可在流水中冲洗，并除去上浮的瘪子，晾干表面待用。

采种后直播可提高成活率，但有时直播与栽植作物有矛盾，也可将种子贮藏后进行播种。种子贮藏普遍是采用沙藏法。即用3份清洁的湿沙和1份种子混合，沙的湿度以手握成团而不滴水即可。湿沙含水率在5%左右。种子与沙子混合后，开深30 cm、宽60 ~ 100 cm的沟，底部铺沙6 ~ 7 cm厚，再将混合的种子与沙子放入。然后，再在面上铺一层沙，上面覆盖稻草。贮藏时，要防鼠害。

也可用冷藏法：温度0 ~ 5℃，相对湿度50% ~ 60%。

三、浸种与消毒处理

播种前将种子浸于50%多菌灵600倍液中1 ~ 2天，捞起沥干水分待用。播种时间以10月中下旬为宜，播种量0.9 ~ 1.2 kg/m^2。

四、苗床制作与播种

播种前对土地进行平整，筑成宽1.0 ~ 1.4 m，高10 ~ 20 cm，畦沟宽30 cm的畦床。种子均匀地撒播在上面，种子之间不宜重叠，播后用木板将种子轻压入土，上覆焦泥灰或细黄土，以盖住种核为宜，再覆薄草，天冷时，加薄膜小拱棚保温。

五、种子出苗前后的管理

芽出土后及时揭去地面覆草，出苗后打开小拱棚两头的薄膜。以降低棚内温度和湿度，防止日灼或猝倒病。

六、实生苗移栽

苗长到5～6 cm时即可移植。以无风阴天为宜，采用起苗室内嫁接的株距7～8 cm、行距约20 cm；采用就地大田嫁接的株距12～15 cm、行距约30 cm。

七、实生苗移栽后的管理

移植后长出5～6片新叶后浇施薄肥（尿素0.25%）。以后，每半个月浇1次2%的三元复合肥液，10月底停止施肥。做好排灌水，勤松土除草，及时做好褐斑病、卷叶蛾和地下害虫等病虫害防治。

八、嫁接苗培育

1. 嫁接时间

一般在3月上旬至3月下旬。

2. 嫁接部位

砧木根茎以上2～5 cm处。

3. 采集接穗

采用品种纯正、生长健壮的在7～15年树龄的结果树上发育充实、无病虫害的1～2年生枝梢，粗度在0.5～0.8 cm。将上面的所有叶片剪除干净，接穗应随采随接，或贮藏于阴凉湿润的环境中，通常不超过3天。

4. 嫁接方法

采用切接或切腹接。首先，将新采的春梢，剪成每段长7～10 cm的接穗；在接穗的基部，切成45°斜角；然后在45°斜角的背面，将木质部往里削0.5～1.0 cm的面；在砧木的顶端，也要削成与接穗相对应的切口，然后将接穗嵌入砧木的切口，使砧木和接穗的形成层能够贴紧；紧接着用塑料薄膜将嫁接口呈覆瓦状包扎。为了使嫁接苗能快速成活，要在嫁接完后一天内进行栽植。

5. 苗圃地

选择排灌良好、土层深厚、质地疏松、有机质含量高的平地和缓坡地，不应

连作。

6. 嫁接苗种植

嫁接好的苗木，于室内以湿沙假植，经5 ~ 10天后选择无风晴天种植，株距7 ~ 15 cm，行距20 ~ 30 cm。

7. 嫁接苗管理

除萌蘖，成活后砧木上发生的萌蘖，应及时抹除；接穗抽发嫩枝后，选留一垂直、生长旺盛的枝条，其余及时抹去，苗高20 cm时及时摘心；至新梢木质化时开始追肥，每月1次，薄肥勤施，立秋后停止追肥；苗木生长期及时中耕除草，遇旱涝及时灌排、搭棚遮阳；苗期做好褐斑病、卷叶蛾、蓑蛾等病虫害的防治。

8. 起苗

主干粗0.5 ~ 0.6 cm，苗高30 ~ 40 cm起苗。选择阴天或无风晴天起苗，保护好根系。贮存日期不宜超过3天。

第五节 超山杨梅的栽培技术

杨梅种植土壤选择以土质疏松、排水良好，pH值4.5 ~ 6.5的红壤、红黄壤、黄壤为宜。选择坡度25°以下的山坡地或平地。

一、定植时间与密度

采用春植，2月上旬至3月中旬栽植。行距5 ~ 6 m，株距4 ~ 5 m。配制1% ~ 2%的雄株作为授粉树。

二、定植方法

采用裸根苗移栽，剪除过长和劈裂根系，嫁接口上留25 ~ 30 cm短截，留叶柄剪除全部叶片，去除接膜；采用树苗带土移栽，泥球应包裹侧根不外露，再用草绳包紧泥球。园地应全园清理干净，并在定植前1个月挖好80 cm见方的定植穴。

定植前15天，在定植穴内施好基肥。亩施农家肥1 500 kg，过磷酸钙12.5 ~ 25.0 kg；或菜籽饼或豆饼150 kg，过磷酸钙12.5 ~ 25.0 kg。施完基肥后，表土回填，厚约30 cm。在表土层上定植，理顺根系，踏实，并浇足定根水。

三、施肥

肥料种类和配比以施有机肥为主，无机肥为辅。有机肥用堆（沤）腐熟的猪（羊）肥、菜籽饼肥，焦泥灰，商品有机肥等为主；无机肥选用氮：磷：钾比例为1：0.3：4的复合肥。

1. 幼龄树施肥

每年3—7月，以常规复合肥（15-15-15）为主。亩施6.25～12.5 kg。每年3～5次。

2. 成年树施肥

（1）基肥。11月至翌年2月，以有机肥为主。亩施腐熟有机肥2 000 kg或商品有机肥800 kg。

（2）壮果肥。5月中下旬，每亩施低氮高钾复合肥（5-0-25）45 kg。

（3）采后肥。果实采收后10～20天，每亩施中氮高钾复合肥（15-4-20）30 kg。

（4）叶面肥。果实发育期叶面喷施0.2%～0.3%的磷酸二氢钾1～2次，缺硼树喷施0.2%硼砂，或0.1%水溶性硼，施用量以叶片正反两面湿润为宜。

注意少施氮肥，不宜单独使用磷肥；土施肥料时应尽量少伤根系，不宜采用大穴施肥方法。

四、水分管理

果实膨大期、花芽分化期以及季节性旱涝期，加强水分管理。

五、杂草治理

每年除草1～2次。在果实成熟采摘前、采后施肥、施基肥改土时进行杂草治理。宜结合松土施肥进行人工除草和机械割草，不用除草剂除草。

第六节　超山杨梅的整形修剪技术

1. 圆头形树形的定形

主干高20～25 cm，主枝4～6个；第一层主枝约4个，分布在约50 cm整形

带；第二层主枝约2个，分布在主干延长枝60 cm范围内，均匀分布，互不重叠；主枝与水平基角呈30°～45°，一级主枝长度40～60 cm；每个主枝上副主枝2～3个，水平夹角15°～30°，一级副主枝长度30～50 cm，在主枝或副主枝上搭配均匀分布大侧枝若干。各级骨干枝长短适当，从属关系明显。

2. 修剪

春剪于4月、夏剪于7月、秋冬剪于11月为宜。控制树冠以夏、秋冬剪为主，疏剪以春剪为主。

旺树去强留弱，弱树则相反。过密枝、交叉枝和远离骨干枝的侧枝及时疏除和回缩，保持树冠上部通风透光。夏梢等旺长枝，应全部疏除。衰退侧枝和下垂枝上的徒长枝、早秋梢可作更新枝，并回缩其上的侧枝。过密枝、交叉枝、病枝、晚秋梢应从基部剪去。至成年树，树高控制在2.5～3.0 m。

第七节 超山杨梅的花果管理

1. 抑梢促花

去强留弱，通风透光修剪；增施钾肥，减少或停止氮肥使用；夏末秋初断根和晒根，并进行拉枝、环割、环剥等处理。

2. 保果

对杨梅旺树以采取不施氮、增施钾肥和磷肥的措施来保果。也可于盛花期或谢花期于树冠处喷布15～30 mg/kg的赤霉素溶液保果。

3. 疏花

对花枝、花芽过量或结果过多的树，于2—3月疏删花枝，及疏去密生、纤细、内膛小侧枝。对少部分结果枝短截，以促分枝。对结果较少和长势较弱的树，于采果后喷200 mg/kg的赤霉素溶液，间隔10天连续2～3次，以促发秋梢、减少花芽。

4. 人工疏果

对大果型品种可推广人工疏果。每年盛花后20天和谢花后30～35天，疏去密生果、劣果和小果。6月上旬果实迅速膨大前再疏果定位，每枝留果1～4个，平均2个。

第八节　杨梅的避雨栽培技术

选择地势较平缓、通风向阳的地块，在矮化栽培的基础上搭建钢架大棚。单株网室避雨栽培模式棚高3.5 m以上，树冠顶部与棚顶保持1 m以上距离；连片避雨栽培模式棚高5.5 m，树冠顶部与棚顶保持1.5 m以上距离，注意通风口的留启。

采前40天覆盖网膜。单株网室避雨栽培模式的棚顶和四周，分别覆盖60目、40目防虫网；连片网室避雨栽培模式，分别覆盖7丝无滴膜、40目防虫网。采收后及时去除网膜。

棚内温度低于0℃时，须采取保温措施；棚内温度高于30℃时，须及时揭膜通风降温。

也可应用避雨伞，顶部高出树顶50 cm。

第九节　超山杨梅的病虫害防治

（一）杨梅主要病害

杨梅主要病害有癌肿病、褐斑病、干枯病、赤衣病等。

1. 癌肿病

又称杨梅疮、溃疡病，是细菌性病害，病原为丁香假单胞萨氏亚种杨梅致病变种。是杨梅树的一种重要病害。发病严重的果园，病株率高达90%以上（图8-5）。

图8-5　癌肿病

症状：杨梅的癌肿病原菌主要为害结果树的枝干，

而幼树、苗木发病很少。病菌主要侵害2～3年生的枝条，有时也发生在多年生的主干和嫩梢上。初期发病部位产生乳白色小突起，表面光滑，后逐渐增大形成肿瘤，使表面变得粗糙或凹凸不平，木栓质，很坚硬，呈褐色或黑褐色。肿瘤呈球形，大小不一，小如樱桃，大如胡桃，最大的直径可达10 cm以上。一个枝条上肿瘤少则1～2个，多则4～5个或更多，一般在枝条的节部位发生较多。病原菌在树上或残枝的病瘤内越冬，次年4月中下旬细菌从瘤内溢出，通过雨水、空气、接穗和昆虫传播，只能从伤口侵入，以6—8月发病多。导致树干早衰；小枝被害后，常造成肿瘤以上部位枯死。该病对杨梅的产量影响很大。

农业防治：保护树体，减少伤口。由于病原菌大多数从伤口侵入，因此在采果时，应穿软底鞋上树采收，尽量避免穿硬底鞋，以免损伤树皮，增加伤口，引起感染。台风来前，要进行预防工作；台风过后，要及时喷药，保护树体。对台风造成的断枝，要及时处理，伤口涂波尔多液；在风口的地方，应种植防护林，进行保护。

做好冬季清园工作。由于病菌主要在枝干肿瘤内越冬，在春季萌发前，尽量剪除病虫枝。对大枝上的肿瘤，可用刀将肿瘤削掉后，用50倍液抗菌剂402或硫酸铜100倍液，对伤口进行消毒，然后，再外涂伤口保护剂。

化学防治：于春梢抽生前，全面喷1次1∶2∶200波尔多液。在台风过后和果实采收后，及时喷洒1∶2∶200波尔多液，或70%甲基托布津可湿性粉剂800倍液，或77%可杀得2000型1 000倍液，或10%农用链霉素600～800倍液，或20%噻菌铜500～600倍液。还需刮净病斑，然后伤口涂硫悬浮剂加402抗菌剂100～200倍液，也可用石硫合剂涂布伤口。

2. 褐斑病

杨梅褐斑病，又名炭疽病，俗称杨梅红点，该病菌属子囊菌亚门腔菌纲座囊菌目座囊菌科的真菌。主要为害杨梅叶片，最后导致大量落叶，出现花芽和小枝枯死，对树生长影响极大（图8-6）。

图8-6　褐斑病

症状最初，在叶面上出现

针头大小的紫红色小点，后逐渐扩大为圆形或不规则的病斑。病斑中央红褐色，边缘褐色或灰褐色，直径为4～8 mm。病斑中心在后期变为浅红褐色或灰白色。其上密布黑色小粒的病菌子囊，最后多数病斑互相联结成大斑块，叶子干枯脱落。病树在当年秋冬季开始落叶，到第2年，70%～80%的叶片脱落。叶片脱落不久，出现花芽和小枝枯死，对树生长和产量影响极大。病菌在叶中越冬，翌年4月底到5月初，病菌随雨水传播，从气孔或伤口侵入，潜伏期较长，到8月中下旬才出现病斑。5—6月，雨水多，湿度大，往往发病重。园内潮湿，湿度大，易发此病；土壤贫瘠，管理粗放，树势弱的树也易发此病。该病1年发生1次，无再次侵染。

农业防治：冬季清园，及时清扫园中的落叶和枯枝，集中烧毁或深埋，从减少越冬病源入手，减少病害传染源。加强果园管理，培养健壮树体。园中土壤要进行深翻改土，多施有机肥料，增强树势，提高杨梅树的抵抗能力。

化学防治：在果实采收前7～10天，喷1次50%退菌特800～1 000倍液，或25%戊唑醇水乳剂3 000～4 000倍液，或500 g/L嘧菌酯悬浮剂1 600～2 000倍液，采果后用1：2：200的波尔多液防治1次，均可收到较好的效果。

3. 干枯病

病原菌为广种弱寄生菌，病原聚多拟盘多毛孢，属半知菌亚门腔孢纲黑盘孢目拟盘多抱毛属。一般从伤口侵入，树势差易感病，以增强树势为主，主要为害杨梅的树干，严重时枝干枯死（图8-7）。

图8-7 干枯病

症状初期出现不规则的暗褐色病斑，随着病情的发展，病斑不断扩大，并沿树干向下发展，感染病部位失水而成稍凹陷的带状病斑。感染病部位与健全部分的分界明显。发病严重时，感染病部位深达木质部，当感染病部位围绕枝干一周时，枝干即枯死。在后期，病斑表面生有许多黑色小粒，即为分生孢子盘，开始

埋于表皮层下，成熟后突破表皮，使皮层出现纵裂或横裂的开口。

加强管理，增强树势。通过深翻改土，增施有机肥料，加强肥水管理，增强树势，提高树体的抗病能力；防除害虫，减少伤口。对于造成树体伤口的害虫，要注意防治，以减少杨梅树干伤口，防止病菌侵入。

保护伤口。要及时剪除枯死的枝条，刮除病斑，伤口涂以50倍液的402抗菌剂保护或甲基托布津100 g、代森锌50 g，与适量水混合均匀，涂于伤口，外面用塑料薄膜包扎牢。树冠喷0.5～2波美度石硫合剂，50%脒鲜胺可湿性粉剂1 000倍液，或430 g/L戊唑醇悬浮剂3 000～4 000倍液喷雾防治。

4. 赤衣病

属真菌性病害，为担子菌亚门层菌纲非褶菌目伏革菌侵染所致。病菌以菌丛在病部越冬。次年春季气温上升，树液流动时恢复活动，开始向四周蔓延扩展，不久在老病疤边缘或病枝干向光面产生粉状物由风雨传播，从杨梅伤口侵入为害。主要为害枝干，严重的病树几年内死亡。此病大多发生在枝干分杈处，被害处覆盖一层薄的粉红色霉层，第一年先在枝干背光面树皮上，发生极薄的银白色或粉红色脓包状物，翌年3月中旬开始发病，后呈现痘疮状小泡，连成长条状病斑，不久病斑上即覆粉红色霉层，之后龟裂成小块，树皮剥落，露出木质部，上部叶片发黄并枯萎，导致树势衰退，果个变小，最后枝条枯死，直至全株枯死。该病一般从3月下旬开始发生，有5月下旬至6月下旬和9月上旬至10月上旬两个发病高峰期，11月后转入休眠越冬，病害的发生与温度和雨量有密切关系。7—8月高温、干旱季节发病减缓。气温20～25℃时菌丝扩展迅速，因而在4—6月温暖多雨季节发病严重。其次，树龄大、管理粗放的杨梅园发病也较重（图8-8）。

图8-8　赤衣病

农业防治：加强土壤改良，多施有机肥，改善土壤结构，促进新根生长；开沟排水，做到园内不积水；合理修剪，剪去过密的内枝和上部大枝，开出天窗，同时结合冬季修剪，剪除病枝，集中烧毁；杨梅树芽萌动时（2月下旬）用80%石灰水涂刷枝干。

化学防治：在3月中旬、6月上旬和9月上旬结合防治其他病虫害进行涂药防治，首先用刷子刷净枝干，然后涂上50%退菌特可湿性粉剂700倍液，或65%的代森锌可湿性粉剂500～600倍液。隔20～30天再涂1次，共进行3～4次。可用50%咪鲜胺可湿性粉剂1 000倍液，或430 g/L戊唑醇悬浮剂3 000～4 000倍液喷雾防治。

（二）杨梅主要虫害

杨梅主要虫害有黑腹果蝇、蚧类、蛾类、白蚁等。

1. 黑腹果蝇

双翅目果蝇科果蝇属。杨梅果蝇可终年活动，世代重叠，无严格越冬过程。成虫生活节律明显，清晨和黄昏为活动高峰期，夜间不活动。为害症状主要在田间为害杨梅果实。当果实由青转黄、果质变软后，雌成虫产卵于果实表面，孵化幼虫蛀食果实。受害果凸凹不平，果汁外溢和落果，产量下降，品质变劣，影响鲜销、贮藏、加工及商品价值。特别是浙江“小暑”节气后受伤的被害果实极易被病菌感染，直至霉烂或掉落地面，完全失去商品价值。有些杨梅主产区的被害果率高达60%以上，是杨梅果实的主要害虫之一（图8-9）。

图8-9　果蝇

农业防治：杨梅采摘前30天，清除杨梅园腐烂杂物、杂草，集中到杨梅园外烧毁处理，压低虫源基数，可减少杨梅果蝇的发生量；将人工疏果的杨梅幼果、成熟前的生理落果和成熟采收期的落地烂果及时拣尽，送出杨梅园外一定距离的地方覆盖厚土，可避免杨梅雌果蝇大量在落地果上产卵，繁殖后返回杨梅园内为害。

物理防治：糖醋液诱杀，从杨梅果实进入硬核期前开始用糖醋酒液（敌百虫：糖：醋：酒：清水=1：5：10：10：20）诱杀成虫，以黄色诱虫盘装糖醋液置于杨梅园内，宜放在树体附近的平坦处，每亩放10～15处，每3天更换一次糖醋液。

防虫网防治：杨梅成熟前10天，用竹竿搭架，并用40目防虫网物理隔离杨梅树，树体与网间隙0.5～1.0 m。

特异性黑光灯诱杀：用波长为380～445 nm的黑光灯诱杀成虫，每50亩设置1盏，高度以2.0～2.5 m为宜；开灯时间为7:00—9:00时和16:00—18:00时。

性诱剂诱杀防治：使用果蝇诱剂诱杀，诱捕器距离地面1.5 m，每树布置1个。5月下旬至6月下旬悬挂。

生物防治：每年5月下旬开始，每3天释放一次蝇蛹金小蜂，每亩释放密度为130～150头。释放时间以晴天7:00—9:00时和16:00—18:00时为宜。在黑腹果蝇发生高峰期，适当增加释放次数。

化学防治：选用60 g/L乙基多杀菌素悬浮剂1 500～2 500倍液，在果实硬核期至成熟期前15天喷雾；0.1%阿维菌素浓饵剂，每亩180～270 mL，在果实硬核期至成熟期，稀释2～3倍后装入诱集罐，每亩放置20罐。

2. 蚧类

蚧类多种，以柏牡蛎蚧、榆牡蛎蚧、樟网盾蚧等为主，属同翅目蚧科。以雌成虫和若虫群集附着在3年生以下的杨梅枝条及叶片主脉周围、叶柄上吸取汁液，其中1～2年生小枝条虫口密度最高。嫩枝被害后，表皮皱缩，秋后干枯而死；叶片被害后，呈棕褐色，叶柄变脆，早期落叶；树枝被害后，生长不良，树势衰弱，4月下旬至5月上旬出现大量落叶枯枝，为害严重时杨梅全株枯死，犹如火烧。1年发生2代，以雌成虫在树梢、叶片上越冬。4月产卵，5月孵化，即可为害枝叶（图8-10）。

图8-10　柏牡蛎蚧

农业防治：剪除虫枝、枯枝，并及时烧毁；清除园内外杂草；加强肥培管理；每年11至翌年1月，用3～5波美度的石硫合剂喷雾，既可杀死介壳虫，清洁树冠，又可给树体补硫。

其次是保护利用天敌。利用异色瓢虫、黑缘红瓢虫、中华草岭、小蜂类和跳小蜂类等天敌，以虫治虫，控制介壳虫为害。

化学防治：树冠喷药，由于介壳虫发生的第一代若虫期正值5月下旬杨梅幼果膨大期，为防止食用中毒，不能喷洒农药。应在果实采完后的第二代若虫盛孵期（8月上中旬），药剂可选用95%机油乳剂50～100倍液，或洗衣粉80～100倍液，或25%扑虱灵1 500倍液，或40%速扑杀乳剂1 000～2 000倍液等防治。冬季休眠期可用石硫合剂或机油乳剂或速扑杀乳剂防治。

3. 蛾类

有蓑蛾（鳞翅目蓑蛾科）、小细蛾（鳞翅目细蛾科）、尺蠖（鳞翅目尺蛾科）、毒蛾（鳞翅目毒蛾科）、拟小黄卷叶蛾（鳞翅目卷叶蛾科）、吸果夜蛾（鳞翅目夜蛾科）等。除吸果夜蛾刺吸汁液为害外，其他为害叶片，取食嫩叶（图8-11）。

图8-11　刺蛾

农业防治：冬季清园，扫除落叶，铲除园边杂草，集中烧毁；摘虫袋、剪虫叶、灭卵块；杨梅园间不套种黄麻、芙蓉、木槿等。

物理防治：利用蛾类的趋光性，采用频振太阳能杀虫灯诱杀成虫。杀虫灯一般10亩安装1盏，悬挂树体高度2/3处，5月下旬至6月下旬开灯，注意定时清洁高压触杀网和接虫袋。

糖醋诱杀成、幼虫。糖醋液比例按照糖：醋：水=3：1：6的比例配制。

生物防治：保护和利用赤眼蜂、黑卵蜂等寄生蜂在杨梅树上诱杀成虫。保护利用螳螂、瓢虫、草蛉、蜘蛛等有益天敌。

化学防治：用10%吡虫啉2 000～3 000倍液防治蓑蛾、毒蛾、尺蠖；用25 g/L

高效氯氟氰菊酯1 000～2 000倍液，或20%杀灭菊酯5 000倍液喷雾防治，或25%灭幼脲1 500倍液，或25 g/L多杀霉素悬浮剂800～1 000倍液喷雾喷杀卷叶蛾、小细蛾。每亩用16 000单位/mg苏云金杆菌（Bt）可湿性粉剂100～150 g兑水30 kg喷雾防治多种害虫。

4. 白蚁

属节肢动物门昆虫纲等翅目。有家白蚁、黄翅白蚁和黑翅白蚁3种。啃食杨梅树主干和根部，并筑起泥道，损伤韧皮部及木质部，使树体水分和营养物质运输受阻，造成叶黄、枝枯、树死（图8-12）。

图8-12　白蚁

农业防治：及时清除果园边杂木，挖去树桩及死树，以减少虫源，降低为害。扑灭蚁巢，越冬期找到蚁巢主道，用人工挖巢法，或向巢内灌水法、压杀虫烟法整巢消灭。

诱杀：点灯诱杀，有翅白蚁有趋光性，在5—6月闷热天气或雨后的傍晚有翅白蚁飞出巢时，点灯（黑光灯）诱杀。

人工诱杀，4—10月，每隔4～5 m定一点，先削去山皮、柴根，挖深×长×宽为10 cm×40 cm×30 cm的浅穴，再放上新鲜的狼萁等嫩草和松树针叶，其上压土块或石块，以后隔3～4天检查一次，如发现白蚁群集，立即用白蚁粉喷洒，集中灭蚁。也可寻找为害杨梅树上蚁道，发现白蚁后即喷少量白蚁粉使其带毒返巢，毒杀巢内白蚁。

化学防治：可利用天王星药效持久的特性拒避白蚁。将杨梅的根基泥土耙开，浇上2.5%天王星乳油600倍液加1%红糖配制的药液，每株约浇液15 kg然后覆回泥土；用亚砒酸、水杨酸或灭蚁灵对准蚁路、蚁巢喷杀；针对白蚁严重的果园，可根据白蚁相互吮舐的习性，在白蚁活动期用白蚁粉诱杀或用40.7%毒死蜱乳油20～40倍拌土毒杀，使整巢白蚁死亡。

第十节 超山杨梅的采收

杨梅树上所有的果实，不可能同时达到成熟，所以要遵循“适时分批采收”的原则。当杨梅树上整体达到20%以上的果实成熟时，开始采收，一般每天或者隔一天采收一次，采收时间以清晨或者傍晚为最佳。尽量避免雨天或者雨后初晴时采收。

由于杨梅果实没有果皮的保护，容易擦伤。在采摘时，一定要将指甲修剪整齐，应戴一次性薄膜卫生手套采摘，采收时以三指握住果实，食指顶住柄部，往下按动，即可轻轻采下果实，将果实连同果柄一并摘下，要轻拿轻放，可以相对延长杨梅果实的新鲜时长。全程实行无伤采收操作，避免囊状体破裂和损伤杨梅果实。

采果篮内壁光滑或垫衬海绵等柔软物，容量以10 kg以下为宜。随采随运，避免在阳光下暴晒。树上分级采收，要求采收时同时携带两只篮子，依感官果实大小、好坏、色泽一边采摘一边分级。档次高的放入小篮子，普通的放入大篮子，既可减少果实损伤，又可减少分级用工，大大降低采后果实霉烂率。

第九章

超山青梅

第一节 超山青梅的历史文化

临平区的超山，盛产青梅，素有“十里梅海”之称。它与苏州的邓尉、无锡的梅园，号称我国三大梅区。超山，以梅“古、广、奇”久负盛名。超山还与苏州邓尉、广东大庾岭罗浮山、武汉东湖梅岭，并称全国四大赏梅胜地，早已全国闻名。超山青梅，果实肥大，色泽青绿，味酸汁多，松脆爽口，加工、鲜食俱佳。历史上梅园种植面积曾达6 000余亩，年产梅果6.71万担。梅花冒寒开花，与松、竹并称“岁寒三友”，为历代文人名流的诗画对象，是一种很有观赏价值的旅游风景和庭院绿化植物。自宋代以来，超山就成为观梅胜地。每当大地春回，这儿万树梅花竞放争妍，年有数十万中外游客接踵而来，争相观赏“十里梅花香雪海”的景象（图9-1）。

图9-1　超山青梅

超山青梅栽培历史悠久。超山早在五代十国后晋天福二年（937年）前，已有僧人在此开山结庐，始植梅。至北宋（1070年），杭州知州赵抃到超山踏青，已经是“罗绮一山遍，花棚夹归道”了，并在超山祷雨，题写“海云洞”。南宋（公元1265—1274年）何熹之的《重修福臻寺并增建钟鼓二楼记》的碑记中记载，该寺“左有玉梅交径，不减林氏孤屿；右有银杏参天，犹抱晋时老干”。人们据此多把超山植梅追溯到五代。传说大诗人苏东坡在杭州为官时，特地从孤山将数百梅树移植过来，巍然成壮观。1985年，超山大明堂、浮香阁风景点内尚存有唐梅、宋梅古株（图9-2、图9-3），可见栽培史已越千年，现在大家到超山赏梅，都去观赏“唐梅”和“宋梅”。浮香阁前的那株唐梅，铁干虬枝，灿如彤日，相传是从元初义士唐玉潜塘栖故居移来的。大明堂外那株传谓宋梅的，曲屈苍劲，花瓣六出，不像一般梅花，“六出为贵”是说也，是超山梅花之奇处（图9-4）。梅花亦因其韵胜格高，能耐霜傲雪而寄托了中华民族浓重的审美情感。

图9-2　唐梅

图9-3　宋梅

图9-4　宋梅六瓣花

清代嘉庆、道光以来，有关超山梅花的记载和题咏渐多。宋咸熙《耐冷续谭》载：“超山多梅花，中无杂树，尚有南宋古梅数十木，花时游人极盛”。其时，超山梅花坞的梅景极佳，许多文人墨客纷纷前往观赏并赋诗作画。清代诗人释源润有诗赞曰：“深坞梅初放，枝枝耐晚霜，喜随高士隐，羞伴美人妆。月冷寒生骨，风和暖挹香。虽无三万树，游衍任猖狂”（引自光绪年间《塘栖志》）。清光绪年间，超山有宋梅百余株，环山十余里一片梅海，1883年名声赫然的清军统帅彭玉麟到超山赏梅，为超山人文平添一抹浓墨重彩。他登临超峰，参拜妙喜寺，赏梅后写下《超山梅花》诗“德薄幸能修到此，万梅花里过生辰”。1899年自称“嗜梅者”的林琴南游超山观梅花后，大为惊叹：“以生平所见梅花，感不如此之多且盛也”，便以文言文挥就《超山梅花记》。至民国十二年（1923年），以兴建宋梅亭为标志，将超山文化推向崭新的高峰。这一时期的重要景点主要集中在大明堂一处，尤以香海楼和宋梅亭最为著名，逐渐形成超山

梅文化的一条主线。近代艺术大师西冷印社首任社长吴昌硕及张大千、康有为等都曾到过超山赏梅。不少诗人墨客为梅花在超山留下了优美的诗篇和珍贵的墨迹。尤其吴昌硕的大作，当推为珍品。吴昌硕作有“梅花小影”等作品，并以前无古人的“玉妃舞夜”之佳句赞美超山梅的姿色，其死后也长眠于超山山麓梅林之中。他的咏梅绝句“十年不到香雪海，梅花忆我我忆梅。何时买棹冒雪去，便向花前倾一杯”，不知拨动了多少文人墨客的心弦。

老一辈无产阶级革命家朱德（1954年）和邓小平同志（1958年）等都曾到过超山。何香凝同志（1962年）曾坐轮椅观赏超山梅林景色，并特意买一罐“蜜青梅”回北京让朋友品尝。梅兰芳同志来超山品尝青梅后，曾留下一笔重金。其后引出了超山遭劫和“火烧大明堂”的轶事。郁达夫先生曾作《超山梅花记》。

据《中国实业志》载，民国22年（1933年），杭县梅子总产量2 200 t。“当青梅成熟期内，上海及苏州诸客帮，纷纷到地采办，先在当地腌胚，再行运销上海、苏州一带，作为糖果。上海冠生园所出之陈皮梅，其原料大都采自其本县。”（杭县县长叶风虎《杭县之物产及农村状况》，1934年浙江省建设厅印行《浙江省建设月刊》第七卷第十二期）。日本侵华时期，梅树被砍，产量下降。1949年后重新得到发展。至1953年，梅树种植面积350余hm^2，产梅3 355 t。受工业污染，至1987年，全县植梅面积123 hm^2，产梅仅4 t。自20世纪80年代末起，消除附近的污染源引进抗污染能力强的梅树品种。由于梅子售价较低，导致梅园管理粗放，产量锐减。2005年，区内梅树种植面积2 745亩，产量539 t。2008年已恢复十里梅花香雪海的胜境，扩大超山梅花种植，梅树增至5万余株、400余个品种（含花梅果梅），其种植面积之广、观赏价值之高，堪称全国之首。中国工程院院士陈俊愉慨然称为奇迹，并大笔一挥，写就“超山天下梅”5个大字。赏梅胜地名声又再次鹊起。2011年12月16日超山风景区被国家旅游局批准为4A级景区。

第二节 超山青梅的实用价值

青梅果实中有机酸含量一般在3.0%～6.5%，远远高于一般水果。青梅所含的有机酸主要是柠檬酸、苹果酸、单宁酸、苦叶酸、琥珀酸、酒石酸等，具有生津解渴、刺激食欲、消除疲劳等功效，尤其是柠檬酸含量在各种水果中含量最多。还含有蛋白质、脂肪、碳水化合物和多种维生素。超山青梅为名品，果大核小，松脆爽口，汁多味鲜，色泽青绿，具有久泡不变之特色，是闻名遐迩的梅子上品。故而民国期间争相蜜制超山青梅的大罐头厂、大行家达15家之多。如上海的冠生园、苏州的祥丰、泰昌、悦来顺等，资金均在10 000银元以上。而今超山青梅制品更是旺销国内外市场，遍及香港、日本、东南亚与欧美诸国等地。

梅子与其他水果不同，不是以甜取胜，而是以酸逗人。超山梅子除鲜食外，大部分用来加工。已开发制成的盐梅干、乌梅干以及梅酱、梅醋、奶油话梅和糖青梅等蜜饯，出口东南亚，深受外商和港澳同胞欢迎。塘栖酿造厂曾生产过青梅酒，清冽味醇，甜中孕酸，乃宴饮中的佳品。

梅子不仅是解渴止痰的妙品，而且还能治咳嗽、泻痢、妇女血崩、小孩头疮等症，这在李时珍《本草纲目》里都有记录。超山一带，大凡青者用来作蜜饯，红者作药用。如光绪年间《唐栖志》载："梅、李则独山、超山、蟠杨、横里为盛。梅有青、红二种，青者蜜饯，红者入药，苏商收买，每就其地大开园场""梅以生果供食者甚少，故作为鲜果，殆无价值。我国江浙两省盛产梅果，其主要用途为供各种制造之原料"，"今则陈皮梅风行全国，制造进步，销路推广，栽者日益增多，浙江杭州超山为其著名产地"（吴耕民，《果树园艺学》，商务印书馆，1934年版）。20世纪三四十年代，塘栖腌梅业独盛，腌梅之店铺俗称"梅作"。塘栖蜜饯中，以超山梅子腌制成的塘栖蜜饯最为有名，塘栖蜜饯已成为一种著名的杭州美食，是杭派蜜饯的代表产品。

据李时珍的《本草纲目》明确记载，"梅"花开于冬而熟于夏，得木之全气。味最酸，有下气、安心、止咳嗽、止痛、止伤寒烦热，止冷热痢疾，消肿解毒之功效，可治32种疾病。据《神农本草》记载，梅性味甘平，可入肝、脾、肺、大肠，有收敛生津的作用；梅果生食，能生津止渴、开胃解郁；盐梅能解热祛风寒，乌梅干有治肺气燥咳、伤寒、下痢，虚痨及胃噎隔等功效；果汁可治肠炎和痢疾。青梅的果实富含柠檬酸等有机酸具有增进食欲，恢复体力，消除疲劳等功效。同时能改善便秘，安神，解烦。丰富的维生素B_2又具有防止癌变的作用。梅实中的儿茶酸能促进肠子蠕动和调理肠子，同时又有促进收缩肠壁的作用，对便秘有显著功效。青梅果实中含有丙酮酸和齐墩果酸等活性物质对肝脏有保护作用，能提高肝脏的解毒功能，增强人体解食毒、水毒、血毒的能力，青梅

及其梅制品酸性较强，对金黄色葡萄球菌、大肠杆菌、沙门氏菌等多种细菌均有一定抗菌作用，对须疮癣菌、絮状表皮癣菌等真菌也有一定的抑制作用。

第三节 超山青梅的品种特性

青梅是蔷薇科李属的植物，属于落叶乔木植物，梅树喜温暖湿润，在年平均温度16～23℃、花期月平均温度5℃左右的地区栽培为宜，山地、平地皆可。超山土地肥沃，雨水充沛，适宜种植梅。临平区青梅（果梅）有16个品种，以升箩底、软条红梅为优。吴耕民编著的《果树园艺学》对超山青梅品种作了详尽的描述。

1. 升箩底

又名青榔头，系青梅中的极品。杭州超山产。其果皮青绿，果实肥大，肉全绿，肉质松脆爽口，味酸汁多，含酸量最高4.58%，果肩歪斜，以底部平如升箩而命名。上市最早，鲜食、加工均优，但产量低，栽培面积占梅区总面积的10%左右。这种青梅大的如鸡蛋，色泽鲜亮，如将青梅放在桌上，用手掌一击，“咔嚓”一声，梅已绽开，犹如碎玉，捡一块放到嘴里，其鲜其嫩，其爽其脆，未尝其果者，实在难以想象。树姿开张，一年生枝条绿色，叶片长度约7.33 cm，宽度约4.20 cm，叶片形状呈长椭圆形，叶缘细锯齿，尾尖，单果均重14.86 g（图9-5）。

图9-5 升箩底

2. 软条红梅

杭州超山产。树势强健，抗逆性强，特别是抗污染能力较强，花芽大而饱满，开花最迟，投产早，坐果率高，高产稳定。加工梅胚利用率达60.5%，质量好，含酸量最高达4.48%，是加工蜜饯的主要品种（图9-6）。

图9-6　软条红梅

3. 大叶猪肝

杭州超山产。树性强健，丰产。果呈扁圆形，果梗短而粗，果顶梢凹入，缝合线浅。果皮黄绿，向阳部深红，汁多，味酸而清，品质优良，5月下旬适度成熟。果形大，为制咸梅、劈梅主要原料。树姿开张，一年生枝条紫红，叶片长度约6.94 cm，宽度约3.78 cm，叶片形状呈长椭圆形，叶缘细锯齿，尾尖，单果均重15.86 g（图9-7）。

图9-7　大叶猪肝

4. 小叶猪肝

杭州超山产。果形较小，果梗细而短，梗窪深，缝合线不明显。果皮呈黄色，向阳面呈深红色，味酸而清，生食比大叶猪肝佳。品质优良，5月下旬适度成熟，果实为陈皮梅主要原料。树姿开张，一处生枝条绿色，叶片长度约6.72 cm，宽度约3.74 cm，叶片形状呈长椭圆形，叶缘细锯齿，尾尖，单果均重

16.86 g（图9-8）。

5. 歪肩胛

杭州超山产。果大，为歪圆形，其肩一方特高耸，故有歪肩胛或歪肩膀之名。果皮呈青黄色，向阳呈面紫红色，味酸而清，树形强健丰产，5月下旬适度成熟。

图9-8　小叶猪肝

6. 桃梅

杭州超山产。为长圆形，先端突出尖锐，其形正如桃，故名。缝合线深。果面呈青黄色，向阳面呈紫红色，味清酸，5月下旬成熟，不甚丰产（图9-9）。

图9-9　桃梅

7. 白梅

杭州超山产。果小，为圆形，未熟时即无涩味，清酸可口，果实稍发育清酸可随时采收。果面呈淡绿色。5月上旬即适度成长，可以采收，为制糖梅之主要原料。

第四节　超山青梅的栽培技术

宜选择背风向阳、光照充足、土层深厚、肥沃、排水通气良好、pH值4.5～6.5的低山缓坡或山岗坡地；丘陵山地宜选光照充足的中下坡，坡度20°以下。凡土壤瘠薄、干旱或低洼积水之处均不宜选作青梅园地。在园址选择时，应特别注重远离污染源，尤其是化工厂、耐火厂、砖瓦窑、水泥厂等，选择在无空气污染区建园。

一、整地

冬季完成深翻全垦，清除石头、柴根杂草，翻垦深度为30 cm，土块经过寒冬冻化后，改良土壤和冻死地下害虫。翌年开春栽植前全面整地挖穴，穴规格60 cm×60 cm×60 cm，每亩栽植密度应根据品种、立地条件不同而定，一般每亩42株（4 m×4 m）。

二、定植

苗木须系根发达、完整，苗木地径达1 cm以上，无机械损伤，无病虫斑迹，于冬11—12月或开春后至3月上旬前栽植，栽前每穴施1～2 kg腐熟的饼肥加适量的磷钾肥与土拌匀，或施腐熟的栏肥5 kg，将选好的嫁接苗解开包扎物后，将苗木直立放于定植穴内，让根系在穴内均匀分布，将土壤轻培于根系，覆盖后轻轻提苗，使根系舒展并与土壤充分接触，边填土边踏紧，使之形成“龟背状”，以利排水。注意嫁接口露出地面5～10 cm，树盘高于地面20 cm，浇足定根水后覆膜。一个月内如有死苗应及时补苗。

三、整形修剪

1. 整形

梅苗栽后在40 cm左右有饱满芽处定干，成活后疏芽定形，培育自然开心形。清明后，幼树萌芽，须及时选留方向位置适当、生长势相似的健壮侧芽3～4个新梢作为主枝，以培育开叉枝，其余侧芽全部抹去。第2至第4年，主要是培养主、副主枝和结果枝组，3～4个主枝应保持生长平衡，强枝短留，弱枝长留；每个主枝上着生相对的2个副主枝，间隔约30 cm，主枝和副主枝上的其他枝条适当短截或长放，以便培养形成结果枝组，通常经过4～5年整形，树形基本完成，树高控制在2.5 m以下。

2. 修剪

梅树生长期修剪的主要方法有摘心、抹芽、拉枝等，时间从春季萌芽后到落叶前的整个生长季节内进行。休眠期修剪的主要方法有疏剪、短截、回缩等，时间从落叶后到翌年春季萌芽前进行。幼树期的修剪主要结合整形完成，掌握“轻

剪多留”的原则，以扩大树冠和培养结果枝组为主，冬季修剪时，尽量少短剪，多轻剪长放；生长季则以夏季摘心、扭梢、拉枝等方法加以控制。结果树的修剪，除保持主枝、副主枝的培养外，主要调控生长枝与结果枝组的比例，采用扭梢、拉枝、别枝等方法控制枝干背上强枝，防止发生徒长枝；疏剪树冠内部的徒长枝、过密枝，保持通风透光；适当疏剪一部分过密的中、短果枝，过长的长果枝适当剪截，促使其抽生中短果枝；剪去生长适中的生长枝1/3～1/2，促使其先端抽生2～3个强枝，中下部形成短果枝。衰老树须加重修剪进行更新复壮，对根系和骨干枝尚好的衰老树，可采用骨干枝短截的更新复壮方法，促使骨干枝上隐芽萌发，抽生强健新梢，重新形成树冠；对于尚有一定产量的衰老树，可采用局部侧枝回缩更新方法培养新侧枝，每年更新一部分，经2～3年全树更新完成。

四、科学施肥

梅树施肥根据树势、产量、肥料种类和土质而不同，以有机肥为主，化肥为辅，每年施基肥1次，追肥3～4次。施肥时在树冠滴水线处开挖环状沟或放射沟，内施化肥深度20 cm、有机肥30 cm以上，施肥后即覆土，饼肥和厩肥均需充分腐熟。

1. 幼龄树的施肥

幼树定植当年，在新梢抽发后每株追施尿素0.1 kg；第2年至结果初期，在萌前每株施三元复合肥（15-15-15）0.5 kg；基肥在每年9月中旬至10月中旬施入，株施饼肥1.0 kg或厩肥5～10 kg，加钙镁磷肥0.5～1.0 kg。

2. 结果树的施肥

梅树进入结果期对钾元素需求量较多，需增加钾肥的量，N：P：K比例为1：0.4：1.4。结果树的施肥，视不同生育期和产量而异，一般青梅产量每亩600～1 000 kg的施标准氮15 kg/亩；花前肥以氮肥为主，配施磷钾肥，在11月中旬至12月中旬施三元复合肥（20-8-12）20～40 kg/亩，以提高完全花比例，补充树体营养，提高坐果率；6月中旬施采后肥，可施三元复合肥（20-8-12）50～60 kg/亩，宜早不宜迟，以氮为主，磷钾为辅，以恢复树势增加养分积累，促进花芽分化；9月中旬施厩肥1 500～2 000 kg/亩或饼肥150～200 kg/亩作为基肥；4月下旬至5月上旬可追施1次果实膨大肥，可施三元复合肥（12-8-20）15～30 kg/亩，以助长果实硬核后迅速生长发育。4月下旬至5月初，也可根外追肥，叶面喷施0.2%磷酸二氢钾+0.3%尿素混合液2～3次，间隔7～10天。

五、花果调节

青梅花期低温多雨天气，影响昆虫传粉活动，是梅产量不稳的主要原因。因此，梅园应进行人工授粉，一般在盛花期用0.2%硼砂+0.3%磷酸二氢钾+0.2%尿素+花粉的混合液叶面喷施，配后立即喷洒并2 h内喷完，可显著提高坐果率；对于青梅早花品种和早开花年份，为避开低温，延迟开花，常在11月分化期至雌蕊分化期叶面喷施50 mg/L的赤霉素，可以延缓盛花期5～15天。另外，有条件的梅园在花期放养蜜蜂1～2箱/亩，也可显著提高坐果率，花期气候不良时，可多放。梅树一般不疏果，疏果常减少当年产量，但花量、果量过多时，也需疏花疏果，以促进花芽形成，减少不完全花、落花和第一次生理落果，防止大小年。疏果一般在4月上旬，树势强的多留果，树势弱的少留果，每一短果枝留1～2个果，中长果枝每5～6 cm留1个果。

六、水分管理

梅树根浅，对水分敏感，既怕旱又怕涝。在伏秋干旱季节，如水分补给不足叶片易向上卷曲，严重的造成落叶，应及时灌溉，并做好土壤保墒，雨季雨水较多时，易积水烂根，应及时排水防涝。

第五节　超山青梅的病虫害防治

（一）青梅主要病害

青梅主要病害有疮痂病、灰霉病和炭疽病等。

1. *疮痂病*

有性世代属于子囊菌亚门黑星菌，无性世代属于半知菌亚门嗜果枝孢菌。病菌以菌丝在当年生枝条病斑上越冬。早春气温10℃以上时，病斑表面产生分生孢子。分生孢子通过风雨传播，一般只侵入花瓣脱落4周左右的果实。经过40～50天的潜伏期，果面就出现黑痣症状。盛发时也为害枝、叶片。枝、叶受

害严重时，引起早期落叶（图9-10）。

图9-10 疮痂病

农业防治：做好冬季清园修剪工作，剪除的病枝落叶要集中烧毁。疏去过密枝条，提高树冠内部通风透光条件。

化学防治：第一次喷药在春芽长2 mm时，第二次在谢花期，晚秋期喷药视天气定。受侵染前用1：2：200的波尔多液，或250 g/L嘧菌酯悬浮剂600～800倍液，或75%百菌清可湿性粉剂500倍液，或50%退菌特可湿性粉剂500倍液防治1次。已侵染的可喷20%苯醚甲环唑·咪鲜胺3 000倍液。

2. 灰霉病

病原为子囊菌门真菌灰葡萄孢。主要为害花蕊、果实，受害后雄蕊和萼片呈褐色，并在其上长出灰色霉层，即为侵染幼果的菌源。幼果受病菌侵染后，易引起落果，降低产量。发病较轻时，病果不易脱落。常留在树上成为僵果。长大果实受害后，初期产生黑色的小型病斑，随果实的增大，病斑呈浅褐色凹陷，降低品质（图9-11）。

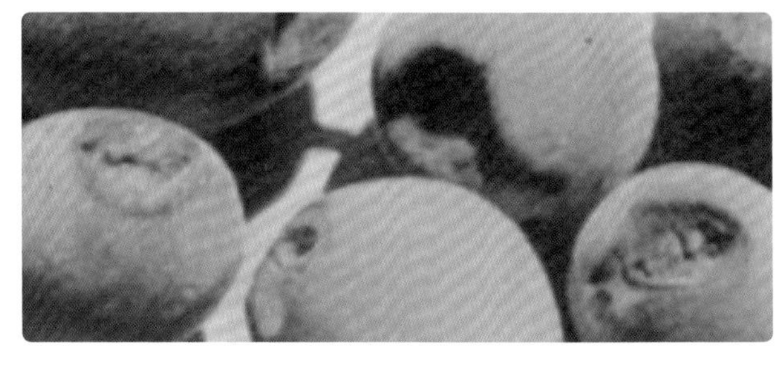

图9-11 灰霉病

农业防治：加强栽培管理，特别冬季修剪，把病枝剪除，集中烧毁。在开花前喷3～5波美度石硫合剂。

化学防治：花谢结果花托未掉前用速克灵1 000倍液喷雾，梅果生长期可在发病初期使用25%戊唑醇水乳剂3 000～4 000倍液，或500 g/L嘧菌酯悬浮剂1 600～2 000倍液，或50%退菌特可湿性粉剂500倍液，间隔10～15天喷1次，连喷2次。

3. 炭疽病

病原为胶孢炭疽菌属半知菌亚门真菌。病菌以分生孢子盘和菌丝体在被害枝梢或枯枝落叶上越冬，翌年春气温回升时，借风雨或昆虫传播或潜伏侵染，发病适温为25～35℃。主要为害果实、枝梢和叶片。潮湿梅园发病严重。果实受害后，果皮出现褐色病斑，气候潮湿时，病斑表面产生肉红色胶质小粒点，天气干燥时，逐渐干缩成僵果，挂在树上不脱落；新梢受害后形成褐色斑，稍凹陷，以后干枯；叶片受害后，病斑呈灰褐色，叶片边缘颜色较深，病组织干枯，严重时，嫩叶两缘向正面卷成筒状（图9-12）。

图9-12 炭疽病

农业防治：开沟排水，增加梅园通风透气透光，结合冬季修剪剪除病枝、僵果集中烧毁。

化学防治：梅树在休眠期至花动前气温在4℃以上时喷3～5波美度石硫合剂一次，在开花后至果实生长期用50%退菌特800～1 000倍液，或25%戊唑醇水乳剂3 000～4 000倍液，或500 g/L嘧菌酯悬浮剂1 600～2 000倍液防治，每隔10～15天喷1次，连续2～3次。5月以后，晴天高温时喷50%退菌特1 000倍液，并加等量石灰，以防药害。

（二）青梅主要虫害

青梅主要虫害有太谷桃仁蜂、蚜虫、桑白蚧和刺蛾类等。

1. 太谷桃仁蜂

膜翅目广肩小蜂科（图9-13）。1年1代，太谷桃仁蜂以老熟幼虫在落地或残挂于枝的虫害果核内越冬（被害青梅果多数脱落，少数挂在枝上）。在青梅坐果早期进行羽化、交尾，而后雌成虫将卵产于

图9-13 太谷桃仁蜂

青梅果核内，5月上旬幼虫开始孵化并为害，6月上旬果仁取食殆尽，造成梅果发育不良，并逐渐干缩成灰黑色的僵果，大部分提前脱落，造成青梅减产。幼虫陆续老熟并开始越冬，整个幼虫期长约10个月。

农业防治：加强梅园管理，在秋季收集落地果、僵果集中烧毁。

化学防治：在成虫羽化期每隔一周用80%敌敌畏1 000倍乳油，或3%啶虫脒乳油1 000倍液喷洒树冠；于3月底至4月中青梅坐果期前初孵幼虫防治，用8%绿色威雷（氯氰菊酯）200～300倍液和10%吡虫啉1 500倍液喷雾，可杀死果内的初孵幼虫。

2. 蚜虫

属同翅目蚜科。刺吸式口器吸食树液，主要为害梅树的嫩梢及幼叶，造成新叶皱缩卷曲，叶面不舒展，新梢停止生长。一年发生多代，以卵在树上越冬，翌春孵化。越冬和早春寄主有多种植物。春季孵化的若虫，常先群集在寄主的芽上为害，后转为害叶片、嫩梢，4月至5月上中旬繁殖最甚，并不断产生有翅蚜扩散、迁移到其他嫩梢或植物上为害（图9-14）。

图9-14　蚜虫

农业防治：结合修剪，将虫栖居或虫卵潜伏过的残花病枯枝叶彻底清除，集中烧毁。4月下旬至5月上旬有翅蚜发生期可应用黄色粘虫板诱杀，每亩放置30～40块。

化学防治：配制洗衣粉：尿素：水（1：4：400）的溶液喷洒，或80%敌敌畏乳油1 000倍液，或10%吡虫啉可湿性粉剂1 000～1 500倍液，或3%啶虫脒乳油1 500～2 000倍液，或50%抗蚜威可湿性粉剂2 000～3 000倍液，或10%烯啶虫胺可湿性粉剂2 500倍液，或25%吡蚜酮可湿性粉剂2 000倍液等喷雾防治。

3. 桑白蚧

属同翅目盾蚧科。年发生一代，以雌成虫和若虫在枝干上越冬。3月以雌成虫和若虫群集固着在枝干上吸食养分，偶有在果实和叶片上为害，严重时介壳密集重叠，枝条表面凹凸不平，树势衰弱，引起枝条死亡，甚至全株死亡（图9-15）。

图9-15　桑白蚧

农业防治：剪除虫枝、枯枝，并及时烧毁；清除园内外杂草；加强肥培管理；每年11月至翌年1月，用3～5波美度石硫合剂喷雾，既可杀死介壳虫，清洁树冠，又可给树体补硫。

生物防治：保护利用天敌。利用异色瓢虫、黑缘红瓢虫、中华草蛉、小蜂类和跳小蜂类等天敌，以虫治虫，控制介壳虫为害。

化学防治：在若虫孵化期，选用80%敌敌畏乳油1 000倍液，或25%敌杀死3 000倍液，或20%杀灭菊酯2 000倍液，或石油乳剂15～20倍液，或25%扑虱灵1 500倍液均有效。在介壳形成后，40%速扑杀600倍液效果较好，冬季梅树休眠期加喷石硫合剂，以控制减少翌年病虫源。

4. 刺蛾

刺蛾是鳞翅目刺蛾科，长江下游地区2代，少数3代。均以老熟幼虫在树下3～6 cm土层内结茧以蛹越冬。第1代于5月中旬开始化蛹，6月上旬开始羽化、产卵，发生期不整齐，6月中旬至8月上旬均可见初孵幼虫，8月为害最重，8月下旬开始陆续老熟入土结茧越冬。幼虫食叶，低龄啃食叶肉，稍大食成缺刻和孔洞，严重时食成光秆（图9-16）。

图9-16　刺蛾

农业防治：冬季清园，扫除落叶，铲除园边杂草，集中烧毁；敲碎树干树枝上的虫茧，挖除树基四周土壤中的虫茧，减少虫源。

物理防治：利用蛾类的趋光性，采用杀虫灯诱杀成虫。杀虫灯一般10亩安装1盏，悬挂树体高度2/3处，5月下旬至6月下旬开灯，注意定时清洁高压触杀网和接虫袋。

糖醋液诱杀成、幼虫。糖醋液比例按照糖：醋：水=3：1：6的比例配制。

生物防治：保护和利用赤眼蜂、黑卵蜂等寄生蜂在青梅树上诱杀成虫。保护利用螳螂、瓢虫、草蛉、蜘蛛等有益天敌。每亩用16 000单位/mg苏云金杆菌（Bt）可湿性粉剂100～150 g兑水30 kg喷雾防治。

化学防治：用10%吡虫啉2 000～3 000倍液防治，或25 g/L高效氯氟氰菊酯1 000～2 000倍液，或20%杀灭菊酯5 000倍液喷雾防治；或25%灭幼脲1 500倍液，或60 g/L乙基多杀菌素悬浮剂2 000倍液喷雾喷杀。

第六节 超山青梅的采收方法

以人工采摘为主，轻摘轻放，果实无破损、无杂质。采摘后尽快装运，不宜堆放，以防发热变质。

根据不同加工品种对梅果不同成熟度的要求确定采收期。制作脆梅类的，要求果实充分膨大，果皮表面出现特有光泽，种仁已形成且充实，即约七成熟时采收，时间在5月上旬；制作软梅类的，要求果皮表面颜色开始褪绿，约八成熟时采收，时间应在5月中旬；制作梅酱类的，要在果实果皮表面颜色略呈黄色，即八成以上成熟时采收，时间在5月下旬；制作乌梅干的，则要在果实完熟转软，有少量自然脱落时采收，时间一般在6月上旬。

第十章

临平蚕业

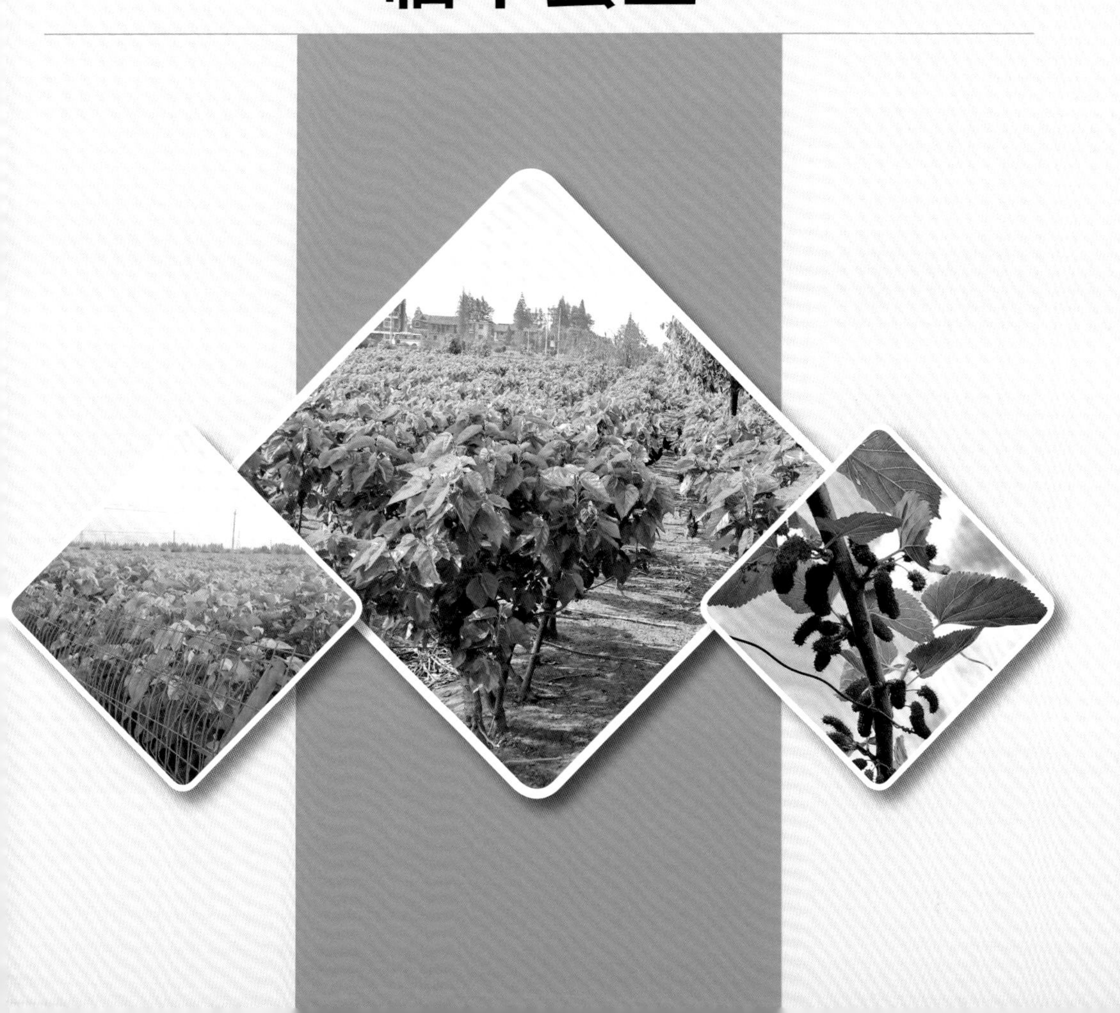

第一节 临平蚕业的历史文化

栽桑养蚕是临平的传统产业，蚕桑生产历史悠久，为此素有“丝绸之府”之美誉。考临平蚕桑，由来甚古，据典籍记载，临平蚕业始于良渚文化时期，夏禹时即有之，绵延至今，亘四千多年。春秋战国时期，越国以“劝农桑”为国策，发展蚕桑。秦汉时期种桑养蚕进一步发展，晋以后称盛，以后各朝代均提倡农桑。特别是唐代更盛，其时钱塘郭外已成蚕桑基地。五代钱武肃王倡导的采藻罱泥种桑办法，沿用至今。南宋时，蚕农开始饲夏秋蚕。养蚕有《蚕书》“饲养勿用雨露湿叶，盖蚕性恶湿。大抵春蚕多四眠，余蚕皆三眠。越人谓蚕眠为幼一、幼二、幼三、幼大”。宋代有记载的桑树品种就有10多个，其中以临安桑、鸡桑为主。明初“桑树蔽野，户户皆蚕”，种桑已较普遍，横泾（今瓶窑一带）已是“绿桑遍地”（明代冯梦祯撰《快雪堂集》卷五十三），且出现桑苗市场，王省曾在《备经》中载“有地桑出于南浔，有条桑出于杭之临平。其鬻之时，以正月上旬；其鬻之地，以北新之江涨桥”。至明代中叶塘栖已是全省著名的丝绸市镇。清代乾隆年间，钱塘、仁和一带，蚕桑极盛。乾隆皇帝下江南巡视时，曾谕饬浙江省督抚奏报蚕茧情况，每岁一次。蚕桑至盛至民国而不衰。20世纪60年代之前，余杭临平一带主要栽种本地桑品种为火桑、睦州青、裂叶火桑、四面青、余杭青桑等。20世纪60年代后逐步推广应用四大良桑，即荷叶白、团头荷叶白、桐乡青和湖桑197。

时至清末民初，余杭的蚕桑业再发力。清光绪34年（1908年），丁祖训等创设公立钱塘县蚕桑初级师范学堂于三墩翠村禅院，两年后改为蚕种场。以一县之力创办教授栽桑养蚕的专业学府，应为全国先河。

民国22年（1933年），蚕丝业达到历史最高产量，两县有养蚕农户15.15万（其中余杭1.45万户，杭县13.7万户），占农户的75%，年生产蚕茧22.39万担（其中余杭3.49万担、杭县18.9万担）。日本侵华战争全面爆发后，蚕业低落，1948年总产茧量下降到10 548.56担（其中余杭1 244.48担、杭县9 304.08担）。1949年，两县桑园面积9.86万亩，年饲养蚕种6.58万张，产茧1.63万担，全年蚕茧产值602万元，占种植业总产值的13.6%，占农业总产值的9.7%。1949年后，百废待兴，余杭临平的蚕桑业再次进入恢复发展期。至1956年，由于完成了土地改革，实现了农业的社会主义改造，同时，政府贯彻了扶持蚕桑生产的政策，全县桑园面积恢复到了10.26万亩，饲养蚕种11.27万张，产茧2 615 t，比1949年增长了221%，产值1 441万元，占了全县种植业总产值的15%。为重振余杭临平蚕桑业雄风，从1964年开始，全国蚕桑工作会议（1962年）精神逐渐落地，余杭临平蚕业在国家、省市一系列政策的扶持下，再次进入持续增长期，到1972年，蚕茧产量突破3 500 t，产值2 028万元；1972—1982年，全县蚕茧总产量始终保持在3 400～3 760 t，占农业总产值的8.4%～9.5%，实现了蚕桑生产的稳产高产。

余杭临平号称“丝绸之府”并非浪得虚名，余杭临平的蚕桑业不仅历史悠久，更是曾执全国牛耳。即使中华人民共和国成立后，政府尽全力恢复发展蚕桑业，顶峰时的1974年，全县蚕茧产量也只是达到了历史高峰三分之一的3 759.50 t而已。1990年塘南乡（临平区东湖街道）蚕茧突破万担大关，成为杭州地区第一个蚕茧万担乡。可以这样说吧，千百年来中国丝绸世界闻名离不开杭州，杭州丝绸的主要产地实为余杭临平。2009年6月，“塘北蚕桑生产习俗”被列入浙江省非物质文化遗产代表性项目名录。

1980年后余杭临平蚕业衰退较快，主要原因有：一是工业污染日益严重，仅1980年，全县春蚕就有10个公社的27个大队计6 830亩桑园受到工业废气氟化物的污染，损失蚕茧290 t，损失茧款92.88万元；到1982年，污染扩大到17个公社的170个大队28 568亩，损失蚕茧277 t，损失茧款126.6万元。二是1983年农村改革，家庭承包责任制的推行，全县8万余亩桑园按“桑跟田走”的政策，均分给了11.5万户农户，户均桑地只有0.6亩，蚕桑这一“拳头”产业成了农民的“零头”产业，规模效益大大降低，生产地位从主业之一下降为可有可无的副业。三是农业产业结构的调整，蚕业受到严重制约，造成实际养蚕农户大量减少，1989—1992年，全县从41 838户减少到35 244户，1995年减至2.5万户左右，2004年只剩1.7万户。四是养蚕劳动力辛苦，经济效益低。至2010年，全区蚕种饲养量5 286张、蚕茧产量245.9 t，2020年蚕种饲养量472张、蚕茧产量20.02 t。

余杭县在20世纪有两个创造全国闻名。一是“低杆无拳桑”。1955年，杭县荀山乡（现良渚街道）农民周金玉创造了“低杆无拳桑”，改变千百年来“平肩开拳、三枪六叉，三年种桑、五年成林”的传统种桑方法，使得余杭的桑园逐步向中干、密植发展。1963年起，全县建成“低杆无拳桑”桑园6万亩，至1969

年，共栽桑苗4 744万株，亩栽密度从原来的300株增至500株，大大提高了桑叶产量。二是“无（矮）干密植桑”。中桥公社（现中泰街道）章岭大队农民宋纪元到广东参观之后，暗自试种“无（矮）干密植桑”获得成功。1970年，“无（矮）干密植桑”按亩桑产茧100kg的要求在全县推广，逐步在其他省市推广。

科技人员在养蚕和栽桑先进技术引进推广作了多方面试验研究并取得了丰硕成果。如张锡范主持的《蚕桑高产优质综合配套技术推广》《优质高产抗氟蚕品种推广应用》项目获得1994年度杭州市农业丰收三等奖和1995年度余杭市科技进步三等奖；金启明主持的《推广省力化养蚕配套技术，提高蚕茧生产效益》项目获得1996年度杭州市农业丰收二等奖，《农桑系列桑品种引进和示范》获得2000年度余杭市科技进步二等奖；庞法松主持的《稚蚕一日二回育技术推广》《新夏秋蚕品种夏7×夏6的引进试验》《大棚养蚕和方格簇上簇技术推广》分别获得1996年度、2002年度、2005年度余杭市（区）科技进步三等奖。2004年庞法松制订杭州市标准DB 3301/T 067—2004《大棚养蚕技术规程》。

一、临平余杭蚕种

临平及余杭地区蚕种久负盛名，清嘉庆年间（1796—1820年），余杭盛产蚕种，畅销杭州、嘉兴、吴兴等地，后传入日本。明、清时，蚕种多为农家土种。民国时农民养蚕用种主要是余杭临平土种，品种有白皮、多化余杭、余九、余杭青、余夏、龙角、余杭二化等10余个，性状各异。这些地方品种至今仍是进行遗传工程研究、选育良种的宝贵亲本，受到国家保护。清代崔应榴在《蚕事统记》中称：“蚕有杜种、有山种。山种皆买之余杭，其蚕食叶粗猛，兼耐燥，比杜种易养，缫丝分量之较杜种为重，乡人牟利，趋之若鹜。清人赵第鼎在《辑里湖丝调查记》中说：“忧忆七八十年前（1852—1862年），湖州有�者，将余杭蚕种售之日本”。又说民国19年（1930年）前后，“余杭人口十三万人，而持蚕种业为生的达五六万人”。清光绪七年（1881年），杨乃武制有“凤参牡丹牌”蚕种远近闻名。清末以吴福清售蚕种用“牡丹为记”的牌号最有名，仅其一家，年产蚕种近万张，每年都由其决定蚕种价格和发包日。民国19年，余杭登记牌号蚕种商达135家，主要有“吴祥富记”“沈元龙记”“洋房”“地图”“金松梅”“吴翔丰”“竹春堂”“吴云龙”“田丰伟”“双狮”“比石堂”“鸿翔凤”“天宝堂”，最盛时年产蚕种100万张。民国后期，育种商号锐减。我国的蚕种，数千年来，均系土法生产，不知应用科学技术检查蚕种病毒，致使品质不能随时代进步。制作优良的改良蚕种，是蚕丝业改良的第一步和关键所在。清代光绪二十七年（1901年），杭州蚕学馆对诸蚕种进行纯系选育后予以推广。中华人民共和国成立后改由国家蚕种场统一制种。

余杭县从1925年就开始利用杂交优势，生产一代杂交种，到1936年已达到年产一代杂交蚕种263 325张，占全省推广量的12.32%。蚕种生产从而逐步由分户经营向专业蚕种场发展，1952年余杭县创建留下（五常）蚕种场，1963年创建余杭蚕种场，1987年老虎墩成为留下蚕种总场，1958年创建塘栖镇办丁河蚕种场。至此20世纪60年代到2002年期间，杭州市有6个蚕种场，余杭临平区就占了4个，蚕种生产量达20万张，除了保证余杭临平自用，还负责供应杭州其他县区。2001年丁河蚕种场因土地征用而关闭，其他国企农场2002年因改制而结束。

二、清水丝绵

临平余杭生产丝绵历史悠久。周代已开始桑蚕家养，民户缫丝。到了唐代，丝绸生产已很普遍。唐开元年间（713—741），余杭丝绵被列为贡赋。从宋代起，浙江上调的丝绵占全国上调的三分之二以上。据《杭州府志》称："钱塘、仁和、余杭以同宫茧与出蛾茧非缫丝者，称为绵，以余杭所出为佳"。宋高宗赵构建都临安（今杭州），因余杭丝绵质地精良，特谕余杭清水丝绵列入贡品（1131年）。元、明两代同样如此，都将其列为贡品，清时名声更大，康熙时还远销日本。民国期间，余杭镇有丝绵行4家，年收购约400担。其中老恒昌年收购约200担，产期日收250 ~ 300kg，行销沪杭等地。

余杭清水丝绵素以光亮洁白、无绵块、无绵筋、无杂质、手感柔滑、弹性好、拉力强，厚薄均匀而驰名中外。即使长久存放也不会泛黄，是制作御寒衣服被褥的上等材料。工艺流程为茧前处理、蒸煮、剥翻、漂洗、扯绵、干燥、包装，去掉茧中丝胶，净留丝质，丝绵质量好。加工清水丝绵，要求茧丝拉松、边口拉薄，分布均匀。用针线串成串挂于竹竿之上，一次性晒干，出口产品还要加第二次松环的工序，以斤（0.5 kg）为单位分套成件。

清水丝绵制作除有一定的技巧外，还有一个重要条件，即良好的水质。清水丝绵的漂洗讲究水质，余杭镇有得天独厚的苕溪之水，生产的牡丹牌丝绵名扬四海。余杭镇上横跨南苕溪的千年古桥通济桥，经受过上千次洪水冲击而岿然不动，这固然与桥的分水角、溢洪洞的巧妙设计有关。但有一件事却鲜为人知，那就是桥下铺有又长又厚的能使洪水急速宣泄的青石板。清代有一位姓苏的商人慧眼独具，深谙“石上泉水清”的道理，认定在余杭精制丝绵的条件得天独厚，于是就在桥边开起丝绵作坊，生产的丝绵在行业中一枝独秀，在南洋劝业会上得了奖。到了1929年，苏家后人苏晋卿制作的优质清水丝绵在首届西湖博览会上获得特等奖。

余杭清水丝绵，2008年6月被列入第二批国家级非物质文化遗产代表性项目名录。2009年，作为“中国蚕桑丝织传统技艺”的子项目，被联合国教科文组织列入“人类非物质文化遗产代表作名录”（图10-1）。

图10-1　清水丝绵

三、临平土丝

临平自古盛产蚕茧、土丝。据《临平记》载：“元、明时期临平湖逐渐淤塞，‘沮洳斥卤，化为桑麻之区’。”至清代，养蚕业趋于鼎盛，四乡农户几乎家家置有缫丝车。自明代起，塘栖附近农民手工缫丝即集于市，西小河南、北两街，东、西石塘丝市尤盛，以丝行为弄名。据《北新关志钞本》载：“清雍正年间（1723—1735），临平有轻绸机不下二三百张”。道光十三年（1833）后，出现资本主义萌芽，徽杭大贾，骈至辐辏，竞相贸丝，临平商贾亦相继设行收购土丝、鲜茧。塘栖从事绢丝贸易的重要批发商有大丰、和裕、元昌等。土丝收购以6月中旬至8月中旬为旺季。民国时期临平常年收购土丝坐商在8~10户，每逢旺季也有临时收购点（俗称庄板）。如遇天晴全镇日收购在1万两以上。解放后，土丝逐步纳入国家收购计划组织联购联销。1951年8月3日，土丝市场成立，土丝商转业，私商经营宣告终止。

第二节　桑、蚕的实用价值

1. 桑叶、枝、根

桑叶：以经霜后采收的为佳，称霜桑叶或冬桑叶。桑叶富含的多羟基生物碱具有显著的降血糖功能，桑叶中含有的黄酮类物质具有抗病毒功能，含有的丰富酚类物质和食用纤维具有调节脂肪代谢、减肥降脂功能。桑叶性寒、味苦甘，具有散风清热、清肝明目等功能，主治外感风热、头痛、咳嗽、肝火赤目等症。中国民间有多种桑叶药方。

嫩桑叶也已开发成一种具有保健功能的美味食材。一般是将嫩桑芽焯水后，与蒜泥、红椒炒成桑叶菜，或者做成凉拌菜，或者点缀到鱼圆汤或肉圆汤里。焯好的嫩桑芽打成粉末，和在糯米粉里，可以做成干湿茶点。此外，桑芽或嫩桑叶，可以炒成桑芽茶或桑叶茶，这是可以降“三高”的保健茶。

桑枝：桑树的嫩枝，春末夏初采收。桑枝味苦，性平，归肝经。桑枝具有祛除风湿的功能，主治风湿疼痛、四肢拘挛、水肿、脚气等病症。中国民间也有以桑枝入药的药方。桑枝也可以做成基质，生产桑木耳。

桑根：桑树根的皮剥下晒干后简称“桑皮”。桑皮味甘、性寒，归肺经，具有清肺下气、利水退肿等功能，主治肺热咳嗽、吐血、水肿腹胀。桑根带皮亦可入药，能治疗惊痫、筋骨痛、高血压、目赤、鹅口疮、崩漏等。

桑树的枝叶和桑皮还是极好的天然植物染料。

2. 桑椹

我国传统医学认为桑椹味酸，性微寒，具有补血滋阴、生津止渴、润燥通便等功效，主治阴血不足而致的头晕目眩、耳鸣心悸、烦躁失眠、腰膝酸软、须发早白、消渴口干、大便干结、滋阴补血、明目安神、利关节、去风湿、解酒等功效，在《本草拾遗》《滇南本草》《唐本草》等医学典籍中均记载有桑椹的防病保健功能（图10-2）。

现代医学研究证实，桑椹果实中含有丰富的葡萄糖、蔗糖、胡萝卜素、维生素、苹果酸、酒石酸、磷质等丰富的营养成分，另外还含有丰富的活性蛋白。具有抗病毒、防

图10-2　桑葚

突变、增强人体免疫力等功效。

3. 蚕茧

蚕茧味甘、性温、无毒，有清热消渴、解毒止血的功效。可以治疗便血、尿血、月经崩漏、大小便淋漓疼痛、痈肿、疳疮、牙龈出血、外伤出血、反胃等症状。蚕茧煮成汤还可以治烦渴，蚕茧泡水喝可以预防口腔溃疡，蚕茧泡水软化后擦脸可以美容养颜（图10-3）。

图10-3　蚕茧

4. 蚕蛹

蚕蛹富含脂肪，食之能维持体温和保护内脏，提供必需脂肪酸，促进这些脂溶性维生素的吸收，增加饱腹感；富含镁，食之能提高精子的活力，增强男性生育能力，有助于调节人的心脏活动，降低血压，预防心脏病，调节神经和肌肉活动、增强耐久力；富含磷，具有构成骨骼和牙齿，促进成长及身体组织器官的修复，供给能量与活力，参与酸碱平衡的调节。蚕蛹富含脂肪、蛋白质和多种维生素，又可增加脑细胞活力，提高思维能力；蚕蛹含有丰富的甲壳素，其提取物名壳聚糖，研究表明甲壳素、壳聚糖具有提高机体免疫力、强化肝脏等功能，在美国、日本等地，已将其作为新型食品添加剂；蚕蛹中含有大量的精氨酸，其含量超过鸡、鱼、肉、蛋，精氨酸能消除疲劳、提高性功能，是制造男性精子蛋白的重要原料，且对慢性肝炎、心脑血管疾患、白细胞减少及营养不良等症，都有明显的疗效；蚕蛹对金黄色葡萄球菌、大肠杆菌和绿脓杆菌有抑制作用，具有较好的消炎和抗感染作用；它所含的不饱和脂肪酸具有消减人体多余胆固醇的作用，据证实蚕蛹对机体糖、脂肪代谢均有一定的调节作用。

5. 蚕丝

蚕丝可以做成被子、服装、化妆品等。蚕丝是熟蚕结茧时所分泌丝液凝固而成的连续长纤维，也称天然丝，是一种天然纤维，被公认为纤维“皇后”。蚕丝承受外力后可轻松恢复原状。蚕丝被不会结饼、发闷、缩拢，可永久免翻使用，蚕丝本身特有的透气、透湿性能，使蚕丝被感觉更加滑、爽而不温、温而不燥。

蚕丝也是制作轮胎、电线包线的材料；在国防上制降落伞，以达到轻、软、热；核试验时工作人员戴丝绸口罩可防有毒物进入；医药上作开刀缝线之用，特别是内脏器官手术缝合线。

6. 蚕沙

新鲜的蚕沙晒干或烘干后，是一味很好的中药，可治疗风湿痹痛，临床用于治疗关节炎及关节肿痛等病症。经过科学处理，可以从蚕沙中提取叶绿素、维生素E、K果胶等。干蚕沙，辅助以其他中药，可制成“蚕沙枕头”，有清凉降火的作用，用作婴儿枕头，能促进孩子大脑发育。

7. 雄蚕蛾

雄蚕蛾体内富含多种生理活性物质，如细胞色素C、拟胰岛素等，是开发抗疲劳和调节生理平衡保健品的原料。雄蚕蛾制品有利于调节人体内分泌，增强人体免疫力，对人体有很强的滋补作用，能延缓衰老。

8. 僵蚕

僵蚕性平，味咸、辛。据《神农本草经》记载：“自古治小儿惊痫、中风、喉痹，外用治野火丹毒和一切金疮等症”。僵蚕能息风解痉、祛风止疼、化痰散结，中医常用于治疗惊痫喉痹、中风失音、头风齿痛、丹毒瘙痒、瘰疬结核，外用灭诸疮瘢痕，也可用作镇痛、治中风、半身不遂、小儿痉挛、抽搐、夜啼等病症。现代医学通过药理分析，发现僵蚕具有解热、降低胆固醇、抗惊厥和祛痰作用。僵蚕对于金黄色葡萄球菌、大肠杆菌、绿脓杆菌等都有抑制作用。

第三节　桑、蚕的品种特性

一、桑树品种特性

桑树属桑科桑属，落叶乔木。桑叶是喂蚕的饲料。叶呈卵形或宽卵形，先端尖或渐短尖，基部呈圆形或心形，锯齿粗钝，幼树之叶常有浅裂、深裂。聚花果（桑椹）呈紫黑色、淡红或白色，多汁味甜。花期在4月，果熟期为5—7月。

（一）临平区古老品种

1. 火桑

该品种是临平区地方品种。是全国著名的早生品种，发芽期3月22—25日，开叶期4月1—13日，发芽早，叶片成熟早。树形高大，长势旺，枝条直而粗长，侧枝少，皮呈紫褐色。冬芽呈正三角形，赤褐色，副芽大而少。叶大呈心脏形，深绿色，叶平展，肉厚，枝条顶端嫩叶呈红色，远望似火而得名。叶尖长尾状，叶缘锐齿，叶基呈心形，叶长约21.8 cm、叶幅约21.3 cm，叶厚，叶面光滑微皱，光泽较强，叶柄中长而粗，叶片平伸，雌雄同株、异穗，雄花极少，偶有成熟的紫黑色椹，但种子多，不发芽，产叶量高，叶质好，抗寒和抗褐斑病力强。抗萎缩病、细菌病力较弱，不耐剪伐（图10-4）。

图10-4　火桑

2. 睦州青

该品种是余杭临平区地方品种。中生品种，发芽和叶片成熟较早。树肌光滑，树形开展，枝条长而直，节间较稀，皮青灰带黄。叶大，呈长心脏形，深绿色，稍下垂，叶面平滑，叶缘有谷针，叶尖锐头。开雄花，秋叶硬化较早，全年产叶量较高。抗各种病害能力较强。

3. 裂叶火桑

该品种是浙江省临平区地方品种。早生品种，发芽早，叶片成熟早。树形高大而展开，枝条粗直而长，发条数中等，侧枝稍多，节间较密，皮色紫褐。叶大呈心脏形，有0～4裂叶，翠绿色，产叶量高，抗病力强，但抗细菌病较弱，不耐剪伐（图10-5）。

4. 四面青

该品种是浙江省余杭临平区地方品种。晚生品种，发芽和叶片成熟较迟。树形稍展开，枝条细长而直，发条数中等，节间较稀，皮青灰色。叶较大，呈长卵形，绿色，秋叶硬化很迟，利用率高，产叶量中等。抗病力较弱，但抗白粉病强。

图10-5　裂叶火桑

（二）临平区现行推广品种

1. 桐乡青

优良中生品种，发芽和叶片成熟较早。树形挺直，枝条粗直而长，节间较密，皮色青灰带黄。叶长呈卵形，墨绿色，稍下垂，叶肉厚，叶面平滑，光泽强，叶尖锐头。开雌雄花，果大而少。秋叶硬化稍早，全年产叶量高，叶质优。抗萎缩病、褐斑病强，抗细菌病较弱。

2. 荷叶白

优良晚生品种，发芽迟，叶片成熟也迟。树形高大开展，生长势旺，发条数多，枝条粗长而弯曲，有卧伏枝，节间稀，皮灰黄色。叶长呈心脏形，涡旋扭转，翠绿色，叶片着生稍下垂，叶肉厚，叶面光滑，叶尖短尾。开雌花，果少。秋叶硬化迟，全年产叶量高，叶质优，抗褐斑病、细菌病、萎缩病强，耐湿、耐瘠、抗寒力也强。

3. 团头荷叶白

优良晚生品种，发芽和叶片成熟期均较迟。树形开展，枝条粗而稍弯曲，节间密，皮呈黄褐色，叶大呈心脏形，翠绿色，叶片着生稍下垂，叶面较滑而稍皱，光泽强，叶尖钝头或双头秋叶锐头。开雌雄花，雄花多。秋叶硬化迟，全年产叶量最高，叶质优，抗黄化型萎缩病、褐斑病、污叶病力强，抗旱力也较强，抗细菌病力稍弱。

4. 湖桑197号

优良晚生品种，发芽和叶片成熟期较迟。树形高大而开展，生长势旺，枝条粗长而直，节间密，皮呈紫褐色。叶中等大小，呈长心脏形，叶色深绿，叶片着生下垂，叶肉厚，光泽强，叶尖短尾。开雌花，果小而少。秋叶硬化迟，全年产叶量高，叶质优，抗萎缩型萎缩病力强，抗细菌病力稍弱。抗旱耐瘠，适应性强。

5. 农桑12号

浙江农业科学院育成的具有国际先进水平的高产优质早生中熟品种。树形直立，树冠紧凑，发条数多，枝条长而直、皮呈黄褐色，节距4 cm，皮孔较多，冬芽长三角形，紧贴枝条，紫褐色，副芽大而多。叶片大，呈心脏形，深绿色，叶缘乳头齿，叶长约23.3 cm，叶幅约22.7 cm，叶肉厚，叶重约3 g/100 cm^2，叶面平而光滑，光泽较强。开雌雄花，发芽期为3月22—23日，叶片成熟期为5月1—7日。春季每米条长产叶量约139 g，千克叶片数春叶约260片；秋季每米条长产叶量约144 g，千克叶片数秋叶约140片。秋叶封顶迟，硬化迟，桑叶利用率高，采摘容易。桑树长势旺盛，抗桑黄化型萎缩病、细菌病、桑蓟马、红蜘蛛、桑粉虱能力强。抗寒力也强，扦插成活率高，适应性广（图10-6）。

图10-6　农桑12号

6. 农桑14号

浙江农业科学院育成的具有国际先进水平的高产优质早生中熟品种。树形直立，树冠紧凑，发条数多，枝条粗直而长，无侧枝，皮色灰褐，节距3.7 cm。冬芽呈正三角形，紧贴枝条，棕褐色，副芽大而多。叶片呈心脏形，墨绿色，叶缘小乳头齿，叶长约23.5 cm，叶幅约20.5 cm，叶肉厚，叶重约3.5 g/100 cm^2。叶面稍平而光滑，光泽强。开雄花，花穗较少。发芽期为3月22—23日，成熟期为4月28至5月6日。春季每米条长产叶量约159 g、千克叶约263片；秋季每米条长产叶量约178 g、千克叶约135片。封顶迟，秋叶硬化迟，桑叶利用率高，采摘容易。由于长势旺盛，若下部叶片不能及时利用，叶龄过长，容易产生黄落叶。抗桑黄化型萎缩病、细菌病、桑蓟马、红蜘蛛、桑粉虱能力强，抗寒力强，扦插成活率高，农艺性状优良、适应性广（图10-7）。

图10-7 农桑14号

二、蚕品种特性

1. 青松×皓月及其反交

该品种是由中国农业科学院蚕业研究所育成的优质多丝量春用品种。该品种孵化齐一，蚁蚕体色呈黑褐色，有逸散性。稚蚕期趋光性强，要注意匀扩座工作，各龄眠起齐一，眠性快。壮蚕期蚕儿也有趋光性、趋出性、易成堆，应注意匀座。各龄食桑活泼，壮蚕期食桑快而旺盛，不踏叶，蚕儿体质强健，饲养容易。壮蚕体呈青白色，普斑，蚕体大而结实，5龄期及簇中抗湿性差，应注意通风排湿。熟蚕体色淡米红色，老熟齐涌，结上层茧，茧形长椭圆微束、大而匀整，茧色洁白，缩皱中等，千克茧颗数正交约446粒，反交432粒，茧层率在25%左右。全龄历期24～26天。

2. 浙农1号×苏12及其反交

浙江农业大学育成，浙江省70年代后半期和80年代夏秋蚕期的当家品种。每年发种量达100多万盒，占当时全省夏秋蚕期总发种量的90%以上。是中日杂交二化性品种，茧丝长1 100 m左右，具有抗夏秋期不良气候环境、体质较强和丝量较高的特性。浙农1号×苏12，蚁蚕呈黑褐色，较文静，有密集性和趋光性，克蚁数2 200～2 300头；苏12×浙农1号，蚁蚕褐色，克蚁头数2 000～2 100头，有趋光性和逸散性。杂交种孵化较齐，食桑快，行动活泼，1～3龄眠起齐快，要

提前加眠网。熟蚕老熟齐涌，易结双宫茧，上簇时不要过熟过密，加强簇中通风排湿，减少不结茧蚕，提高解舒率。茧形匀整，椭圆形微束腰，茧层率较高，一般在21%左右。

3. 秋丰×白玉及其反交

该品种是由中国农业科学院蚕业研究所育成夏秋用中丝量蚕品种。该品种孵化齐一，食性好、食桑旺盛、容易饲养，夏蚕有少数三眠蚕发生。大蚕体呈清白色、体形较大，正交秋丰×白玉为花蚕、白蚕各一半左右，反交白玉×秋丰全部为白蚕。熟蚕排尿量较多、营茧快、结中下层茧，如上簇过密，则黄斑茧增多。茧形大而匀整、长椭或略带微束腰。对氟化物的耐受力较强。全龄经过21天（图10-8）。

图10-8　白玉×秋丰

4. 丰1×54A及其反交

该品种是由中国农业科学院蚕业研究所育成夏秋用中丝量蚕品种。食桑快而旺，眠性快，眠起齐。大蚕体呈青白色，花蚕，蚕体粗壮结实。体质强健好养，耐氟性强，但抗湿性差。熟蚕略带粉红色，老熟齐涌，营茧快，结上层茧，茧形大而匀整，椭圆形。在高温多湿环境下如消毒不彻底，易诱发脓病。全龄历期约21天。

第四节　桑树栽培技术

一、地块选择

选择水源充足、排灌方便、光照充足、地面平整、坡度小于15°，离烟尘、废气、农药等污染源1 500 m以外，烟草作物100 m以外的地块。土壤肥沃、土层深厚，耕作层不少于25 cm。地下水位距地面1 m以上，有机质含量1.5%以上，

pH值6.5～7.5。道路、沟渠、机埠等设施配套齐全。

二、栽植时间和密度

桑树落叶后至次年春季发芽前均可栽植，但不在雨天和封冻时栽种。栽植密度，亩栽植800株的行距140 cm，株距60 cm；亩栽植600株的行距180 cm，株距60 cm；亩栽植1 000株的行距113 cm，株距60 cm。

三、整地施基肥

挖种植沟宽30～50 cm，深50 cm。沟内施入基肥，每亩施农家肥2 000 kg以上或商品有机肥400 kg。上覆10 cm表土，放入桑苗后回土，根颈埋入土中5～6 cm，壅土成馒头状。做到苗正根伸，浅栽踏实，种完后浇定根水。桑苗定植后，每两行作一畦，畦面呈浅弧形，高15～20 cm，宽30～50 cm。桑地四周开排灌沟，做到畦沟相通。

四、树形养成

种植后在离地25～30 cm处剪去苗梢，养成主干。当新梢10～16 cm时，选留2～3个壮新梢；第二年春季发芽前在离地45 cm处春伐，养成2根第一支干，每支干选留2～3个壮新梢；第三年春季发芽前在离地60～65 cm处春伐，养成2根第二支干，每支干选留2～3个壮新梢，翌年5月下旬在其第二支干顶端处夏伐定拳。每株留拳3～4个，留条8～10根。每亩桑园留拳约3 000个，有效条8 000～9 000根，总条长10 000 m以上（图10-9）。

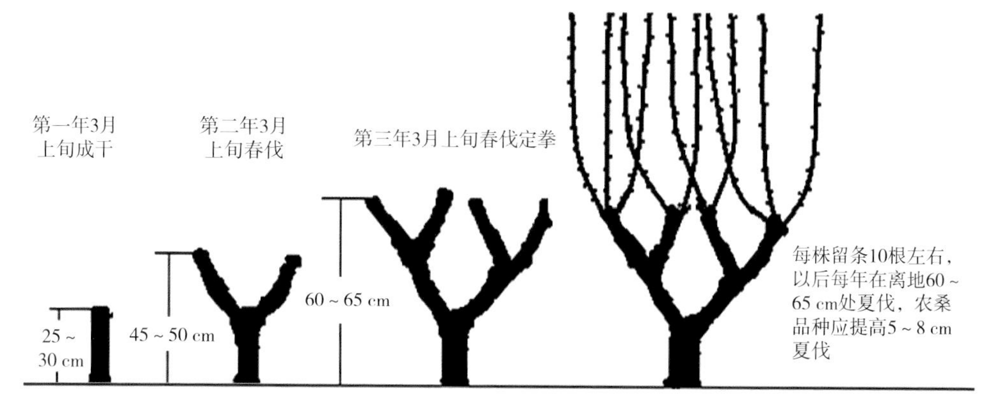

图10-9　亩栽800株的树形养成方法

五、桑园施肥

桑园施肥做到目标施肥和测土施肥相结合，氮、磷、钾和微量元素肥料配合施用。年产优质桑叶2 500 kg的桑园，施有机肥3 000 kg，纯氮肥50 kg，纯磷肥（P_2O_5）20 kg，纯钾肥（K_2O）25 kg。氮、磷、钾比例10∶4∶5。土壤贫瘠的桑园应增施有机肥和磷钾肥。酸性土壤应施用碱性或生理碱性肥料，酸性重的土壤适当施用石灰，增施磷肥。春、夏、秋、冬四季施肥量分别占全年总量的25%、40%、15%、20%。有机肥占施肥总量的40%。

1. 春肥

春肥分两次施入，约占全年施肥量的25%。3月中旬每亩施复合肥25 kg（N∶P∶K=21∶6∶13）或相当肥力的复合肥、尿素20 kg；4月上旬每亩施尿素20 kg。

2. 夏肥

夏肥分两次施入，以速效肥为主，约占全年施肥量40%。夏伐后一周内每亩施复合肥30 kg（N∶P∶K=21∶6∶13）或相当肥力的复合肥，尿素30 kg；6月下旬至7月初每亩施尿素30 kg。

3. 秋肥

约占全年施肥量15%，8月底前每亩施入尿素30 kg。

4. 冬肥

约占全年施肥量20%。桑树落叶后至土壤封冻前每亩施入有机肥1 000 kg。

5. 根外施肥

在日照不足等不良气候条件下，可用尿素、磷酸二氢钾根外施肥。浓度为尿素0.5%、磷酸二氢钾0.2%，可单独或二者混合施用。施肥在阴天或晴天傍晚进行，每隔3天1次，连施2～3次。所用喷雾器和清水要清洁无污染。秋期根外施肥可结合治虫进行，但不能与碱性农药混合使用。

六、田间管理

11月下旬至12月进行冬耕，深度15～20 cm，夏伐后进行夏耕，深度7～10 cm。杂草较多的情况下选择除草剂。多雨季节及时排水，干旱时及时灌水。

七、病虫害防治

以“预防为主，综合防治”为原则，建立完善的预测预报制度，摸清病虫害发生规律，应用农业防治、物理防治、生物防治、化学防治等多种措施，从根本上控制病虫蔓延为害。

（一）农业防治

加强田间管理，经常进行人工除草和翻耕，及时补充水肥，改善桑园生态环境，破坏害虫的生存环境。冬季清园，降低害虫越冬基数。

（二）物理防治

因地制宜开展物理防治，桑芽萌发时及时捕捉桑尺蠖、桑毛虫、桑象虫等幼虫；清晨露水未干时打落捕捉叶虫类及金龟子；春季摘芯防除桑瘿蚊和桑螟；利用冬闲时节人工刮除害虫卵。傍晚用灯光诱杀鳞翅目、直翅目、同翅目、半翅目、双翅目、鞘翅目等桑树害虫，应用蓝色粘虫板诱杀桑蓟马。

（三）生物防治

采用信息素引诱剂诱杀桑毛虫、桑尺蠖和桑螟等害虫。利用天敌昆虫对害虫进行生物防治，如桑毛虫绒茧蜂、黑卵蜂防治桑毛虫；蚕黑卵蜂、黑瘤姬蜂防治野蚕；桑象虫旋小蜂防治桑象虫；桑尺蠖腹茧蜂防治桑尺蠖；桑螟绒茧蜂防治桑螟；天牛卵啮小蜂防治桑天牛等。

（四）化学防治

1. 病害防治（表10-1，图10-10至图10-15）

表10-1　常见桑病防治

病种	防治方法
桑萎缩病	40%乐果1 500倍液及时喷杀菱纹叶蝉
桑疫病	波尔多液0.6%～0.7%喷防，发病初期可用土霉素或链霉素喷药防治
桑青枯病	1：50福尔马林或20%石灰水土壤消毒
桑紫纹羽病	0.3%漂白粉液浸苗根30分钟，酸性土壤每亩用石灰150 kg
桑根结线虫病	1.8%阿维菌素EC2 500倍液沟施或亩施石灰150 kg并覆土
桑芽枯病	合理用叶，不偏施氮肥，增施有机肥，防创伤

图10-10　桑萎缩病

图10-11　桑疫病

图10-12　桑青枯病

图10-13　桑紫纹羽病

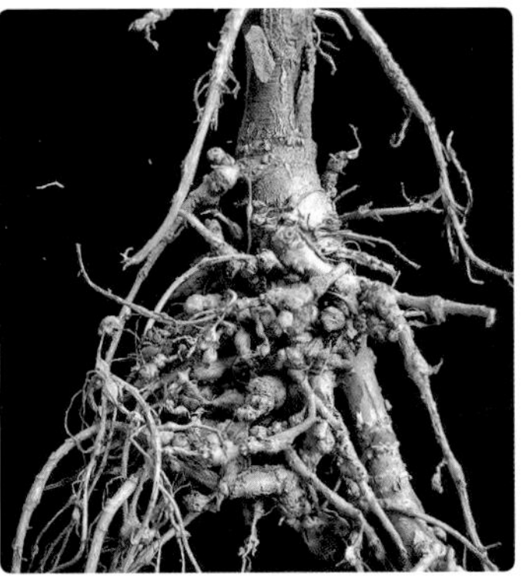

图10-14　桑根结线虫病

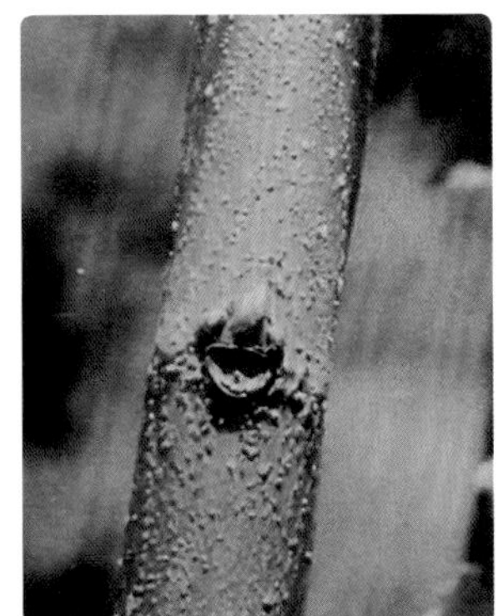

图10-15　桑芽枯病

2. 虫害防治

（1）春季防治

防治对象：桑虱、桑叶虫等，每背包水+80%敌敌畏乳油15 mL+40%辛硫磷乳油10 mL，安全间隔期3 ~ 5天（图10-16、图10-17）。

图10-16　桑虱

图10-17　桑叶虫

3月中下旬至4月上旬，防治对象：桑尺蠖、桑毛虫，每背包水+8%残杀威可湿性粉剂12 g，安全间隔期18天（图10-18、图10-19）。

图10-18　桑尺蠖

图10-19　桑毛虫

（2）白拳防治（5月底至6月初）

夏伐桑，防治对象：桑象虫、残留鳞翅目害虫，每背包水+40%毒死蜱乳油10 mL，安全间隔期15天（图10-20）。

春伐桑，防治对象：桑蓟马、红蜘蛛、桑螟等，每背包水+8%残杀威可湿性粉剂12 g+40%乐果乳油20 mL+73%炔螨特乳油7 mL，安全间隔期15天（图10-21至图10-23）。

图10-20　桑象虫

图10-21　桑蓟马

图10-22　红蜘蛛

图10-23　桑螟

（3）6月中旬防治

防治对象：桑螟、野蚕、桑象虫等，夏蚕用叶桑园，每背包水+80%敌敌畏乳油15 mL+40%辛硫磷乳油10 mL，安全间隔期3～5天。不养夏蚕桑园，每背包水+240 g/L虫螨腈悬浮剂10 g，或40%毒死蜱乳油10 mL，安全间隔期15天（图10-24）。

图10-24　野蚕

（4）夏蚕上山后防治

防治对象：主要是野蚕、桑毛虫等鳞翅目害虫。7月15日前，每背包水+40%毒死蜱乳油10 mL+40%乐果乳油20 mL+73%炔螨特乳油7 mL，安全间隔期15天。

（5）7月下旬防治

防治对象：主要是桑螟、斜纹夜蛾等，每背包水+40%毒死蜱乳油10 mL+40%乐果乳油20 mL+73%炔螨特乳油7 mL，安全间隔期15天（图10-25）。

图10-25　斜纹夜蛾

（6）8月上中旬防治

防治对象：鳞翅目、红蜘蛛及桑蓟马等，每背包水+240 g/L虫螨腈悬浮剂10 g+73%炔螨特乳油7 mL，安全间隔期15天。

（7）8月下旬至9月上中旬防治

防治对象：鳞翅目及桑蓟马等，每背包水+80%敌敌畏乳油15 mL+40%辛硫磷乳油10 mL+40%乐果乳油20 mL，安全间隔期3～5天。

（8）中秋蚕上簇后防治

防治对象：鳞翅目及桑蓟马等。

晚秋蚕小蚕用叶桑园：每背包水+80%敌敌畏乳油15 mL+40%辛硫磷乳油10 mL+40%乐果乳油20 mL，安全间隔期3～5天。

晚秋大蚕用叶桑园：每背包水+240 g/L虫螨腈悬浮剂10 g+40%乐果乳油20 mL，安全间隔期18天。须防治红蜘蛛的再加73%炔螨特乳油7 mL。

（9）晚秋结束后（关门虫）防治

防治对象：桑尺蠖、桑毛虫、桑螟等，10月底至11月初，每背包水+20%杀灭菊酯乳油4 mL（春季禁止使用）。

第五节 桑蚕饲养技术

一、蚕室选址

选择地势高燥、环境洁净、水电齐备、道路通达，周边无废气、无有害污染物污染的地方。

二、蚕具及附属设施配备

以一次饲养10盒蚕种需要配备：贮桑室40 m^2，消毒池1个，小蚕加温桶1只（或其他暗火加温设施），温、湿度计各1支；蚕匾（110 cm×90 cm）400只，方格蔟2 000片，蚕架、给桑架、打孔聚乙烯薄膜（或防干纸）、蚕网、切桑板等用具若干。

三、清洁消毒

1. 蚕室消毒

蚕室四周铲除杂草，清理阴沟，扫除垃圾，用0.3%有效氯消特灵液喷雾消毒，并撒新鲜石灰粉。蚕室先扫后洗，然后用0.3%有效氯消特灵液消毒保湿半小时，次日再用“928”等熏烟剂熏蒸消毒一次。

2. 蚕具消毒

蚕具要“一洗二晒三消毒”，蚕匾等用具要在配好0.3%有效氯消特灵液的消毒池中浸渍5分钟后，放在密闭的蚕室内保湿半小时。

四、收蚁

早晨5:00—6:00开始感光，要求光源距离蚕卵1.5 m以上，春蚕8:00收蚁，夏秋蚕7:00收蚁；收蚁当天早晨在压卵网上加一支收蚁网，感光2～3 h，网上撒桃叶或干桑叶，待蚁蚕爬上后，提起收蚁网放到另一只蚕匾中，用小蚕防病1号进行蚁体消毒后，定座给桑；当天未孵化的蚕卵继续黑暗保护，第二天再收。

五、小蚕饲养

1. 坑房地火龙加温

专用小蚕室在地面下筑成地火龙，烟道进火处设置在操作道下，2条烟道左右回旋到坑房两侧的蚕架下，通往烟囱。在炉膛上方设沙槽，铺放洁净黄沙，作吸热、散热、浇水、补湿用。

2. 小油桶加温

在油桶中央竖一根圆棒，在下部进风孔也插一根圆棒，再把锯木屑装到油桶内，边装边压，压实至出烟口，然后把2根棒抽出，引火点燃，上面盖好，放一只盛水金属盆，吸热补湿，接好烟囱。

3. 小蚕1日2回育技术规范（表10-2）

表10-2　小蚕1日2回育饲养技术（1盒蚕种）

龄别	1龄	2龄	3龄
目标温度（℃）	27～28	26～27	25～26
干湿差（℃）	0.5～1.0	0.5～1.0	1.0～1.5
给桑次数（次/天）	2	2	2
切桑标准（cm^2）	小方块叶	方块叶	三角形碎叶或片叶
除沙次数	眠除1次	起、眠除各1次	起、中、眠除各1次
蚕体蚕座消毒次数	收蚁（起蚕）、将眠各1次		
张种给桑量（kg）	1	4.2	17
张种蚕座最大面积（m^2）	0.8	1.8	5.0

4. 用桑标准

选采适熟良桑，早晚采摘，不采日中叶和湿叶，采1次叶给1次桑，不留余叶。收蚁当日叶色黄中带绿，1龄绿中带黄，2龄正绿色，3龄浓绿色（图10-26至图10-29）。

图10-26　1龄第1天叶

图10-27　1龄叶

图10-28　2龄叶

图10-29　3龄叶

5. 桑叶保鲜

使用打孔聚乙烯薄膜（或防干纸）保鲜，1、2龄上盖下垫，四周包折，3龄只盖不垫；1、2龄给桑前提早半小时揭膜，3龄提早1 h揭膜。各龄见眠后不盖薄膜，并根据天气及残桑情况调整揭膜时间。

六、大蚕饲养

1. 大蚕一日三回育技术规范（表10-3）

表10-3　大蚕一日三回育技术规范（1盒蚕种）

龄别	4龄	5龄
目标温度（℃）	25	24
干湿差（℃）	2.5～3.0	3
给桑次数（次/天）	3	3
桑叶大小	片叶	片叶、芽叶或条桑
除沙次数	起、眠除各1次，中除1次	起除1次、每日中除1次
蚕体蚕座消毒次数	加网除沙时消毒	起蚕、见熟各1次，龄中每日1次
张种给桑量（kg）	90	600
张种蚕座最大面积（m^2）	16	40

2. 眠起处理

适时加网，大眠时以蚕座中有少量眠蚕出现为加网适时；分批提青，在加眠网8 h后进行提青，青头分批饲养，做到饱食就眠；眠中管理，眠中温度比食桑

中降低0.5～1.0℃，并保持环境安静、光线均匀，眠中前期（止桑至见起）保持干燥（干湿差2～3℃），见有起蚕后应适当补湿以利蜕皮；适时饷食，以群体全部蜕皮，头胸昂起表现求食状，且有90%以上起蚕的头部色泽呈淡褐色时为适时。夏秋蚕可适当提早。饷食用桑要新鲜（图10-30）。

图10-30　眠起处理

3. 稀放饱食

5龄第2天张种蚕座面积扩大到30 m^2，第3天扩大到40 m^2，做到稀放稀养，看蚕给桑，充分饱食；5龄前期用桑量占5龄期的20%；中期用桑量占5龄期的45%～50%；后期逐日减少，用桑量占5龄期的30%～35%（图10-31）。

图10-31　稀放饱食

4. 通风换气

4龄就要注意通风换气，特别是5龄中后期应开门开窗，加强通风，切忌密闭饲养（图10-32）。

图10-32　通风换气

七、蚕病防治

蚕儿发病主要是由病原体（病菌、病毒、寄生虫）侵入蚕体所致。

（一）病毒病

主要有血液型脓病、中肠型脓病、病毒性软化病。

1. 血液型脓病

家蚕核型多角体病毒侵入蚕消化道的中肠上皮细胞核或体腔内，复制成大量的多角体后侵入血细胞、气管上皮、脂肪组织及真皮细胞等进而出现典型病症的一种蚕病，俗称“水白肚”，其典型病症表现为体色乳白、体躯肿胀、狂躁爬行、体壁易破，常爬行到蚕匾边缘随地流出乳白色脓汁而死亡（图10-33）。

图10-33　血液型脓病

2. 中肠型脓病

家蚕质型多角体病毒侵入中肠细胞质内，复制成大量多角体，侵入整个消化管内，进而出现典型病症，主要表现为群体发育大小开差显者，甚至龄期也有差异，由于消化道内空虚，因此外观胸部半透明，呈空头状。此外还有缩小、吐液及下痢等病症，严重时排出的粪便呈乳白色，肛门附近有乳白色黏液。撕破病蚕背面的体壁，可见中肠后端有乳白色的褶皱（图10-34）。

图10-34　中肠型脓病

3. 病毒性软化病

家蚕病毒性软化病病毒首先侵入中肠杯形细施，然后复制扩散，以致破坏整个消化管的功能而导致蚕死亡（图10-35）。主要表现为蚕身粗细不匀，龄期经过延长，发育不齐等群体症状。个体出现空头、空身症状，不食桑、静伏不动，体色失去青白、排泄稀粪。起

图10-35　病毒性软化病

蚕多表现为起缩下痢、体色发黄不清白。中肠黄褐空虚、一泡黏水。

4. 病毒病的防治措施

严格消毒、消灭病原。养蚕前全面清洗消毒。采用消特灵、新鲜石灰浆等药品消毒2次以上；发现病情后，进行新鲜石灰粉蚕座消毒。一天两次石灰粉，检出病蚕，直到病情得到抑制；加强通风换气，改善饲养环境，天气晴燥日子用消特灵主剂添食。调下的匾网要进行消特灵复合剂消毒，再行日晒使用；严格提青分批，对一些迟眠蚕及时淘汰；管好蚕沙、旧族，以防病原扩散，蚕沙应远离蚕室挖坑堆沤。旧簇要及时销毁。投入石灰缸或塑料袋中的病蚕要深埋或焚烧；治理桑叶害虫，以防病原扩散。

（二）细菌病

主要有细菌性败血病、细菌性中毒症和细菌性肠道病三大类。

1. 细菌性败血病

家蚕因细菌侵入血液，经过10～12 h发病，其症状是蚕儿停止食桑、举止呆滞、体躯挺直、静伏蚕座、排软粪或念珠状粪，濒死前吐污液和排出黑褐色粪液、最后侧倒死亡。死后初期有短暂的尸僵现象，几小时后，尸体逐渐松弛软化。

细菌性败血病出现以下3种类型。一是黑胸败血病，在胸部背面或腹部第1～3环节首先出现墨绿色尸斑，很快扩散至前半身变黑。二是灵菌败血病，蚕尸体变色较慢，有时蚕体出现褐色小圆点，随着体内组织离解液化而全身变成嫣红色。三是青头败血病，其症状因发病时期不同而略有差异，5龄中后期发生的青头败血病蚕，死后不久，胸部背面出现绿色透明的块状尸斑，尸斑下可见气泡、故俗称“泡泡蚕”，病斑不会变黑、经数小时后，组织腐败，尸体呈土灰色；5龄初期发病则胸部大多不出现泡泡，尸体内组织，最终离解液化，仅剩外皮，易破而流出恶臭污液（图10-36至图10-38）。

图10-36　黑胸败血病

图10-37　灵菌败血病

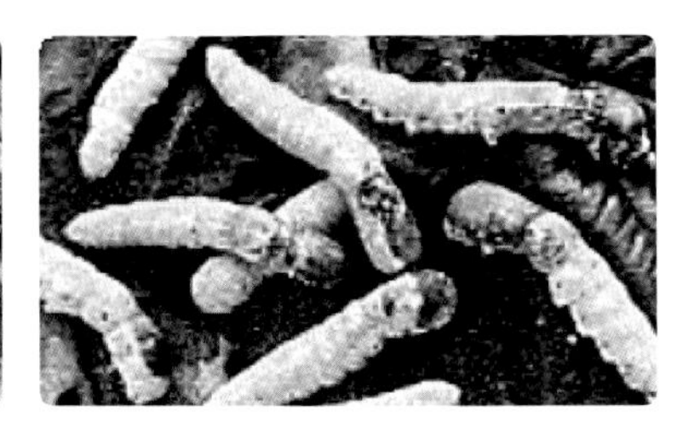

图10-38　青头败血病

2. 细菌性中毒症

细菌性中毒症，又称“猝倒病”。是蚕儿食下细菌伴胞晶体毒素引起蚕儿中毒的一种蚕病。蚕儿食下大量毒素后，突然停止食桑，头胸昂起，渐见胸部肿胀有轻度痉挛性颤动，进而头胸内弯呈钩嘴状，有时吐液，尾部空虚并稍向内弯略似虾尾，最后体躯麻痹、腹脚失去抓着力而侧倒死亡；蚕儿食下毒素少时，呈慢性中毒症状，初时表现食欲减退，从少食桑叶到停止食桑，平伏蚕座，体躯伸长极度迟缓，继而头胸稍肿，并有缩皱，逐渐全身萎缩，背管转动缓慢，口吐大量胃液和排泄污染，最后肌肉松弛麻痹死亡（图10-39）。

图10-39 细菌性中毒症

3. 细菌性肠道病

细菌性肠道病一般表现为慢性病，典型的病症为食欲减退，举止不活泼，发育迟缓躯体瘦小，大小不齐，下痢吐液，死后尸体呈黑褐色，腐烂发臭。呈现起缩、空头、下痢症状（图10-40）。

图10-40 细菌性肠道病

4. 细菌病的防治

（1）消灭病原、减少传染机会。蚕室蚕具彻底消毒，蚕期中定期消毒，贮桑室每天用消特灵消毒，加强蚕座消毒。死蚕丢进消毒缸及时处理。

（2）操作细致，防止创伤。

（3）喂饲新鲜良桑，避免湿叶贮藏，禁喂发酵桑叶。

（4）防治桑树害虫，防止交叉感染。

（5）用氯霉素或蚕菌清添食。

氯霉素预防添食浓度为500～1 000单位，3～4龄蚕每龄1次，5龄2次；发病时添食使用浓度为1 000单位，当天连续添食3次（8 h 1次），以后每天1次。

蚕菌清为白色粉剂。使用时每小包药粉20万单位（200 mg）加蒸馏水或冷开水0.4 kg，待充分溶解后喷洒在4 kg桑叶上给蚕添食。预防性添食，连续添食药叶2次；治疗性添食，连续添食药叶3次（8 h一次）。当天配药当天用完。

（三）真菌病

凡真菌寄生引起的蚕病统称真菌病。因其死后尸体天然硬化，很难腐败，故又称硬化病或僵病。

1. 白僵病

蚕儿感染白僵病孢子，体表散见淡褐色小病斑或呈油渍状病斑，有的会出现以气门为中心的1～2个圆形黑色病斑。刚死时，头胸伸长，肌肉松弛、尸体柔软。稍后渐次富弹性，终至全部硬化。在此过程中，有一些尸体从尾部开始呈现桃红色或全身显现酱红色。如环境适宜，死后1～2天，尸体上逐渐长出白色气生菌丝，覆盖全身。最后，菌丝上长出无数白色粉状的分生孢子，而成为新的传染源。僵病是分生孢子在适当的温湿度下，接触于蚕的体表上发芽，芽管穿过体壁在血液中大量生长，形成大量的短菌丝和圆筒形孢子，致使蚕儿死亡。若蚕儿感染绿僵病孢子，则呈现绿色尸僵（图10-41）。还有黄僵、赤僵等。

图10-41　白僵、绿僵病

2. 曲霉病

曲霉菌最容易侵染蚁蚕及一龄蚕，大蚕期发病较少，一般只是零星发生。

蚁蚕感染后，不食桑、呆滞、伏于蚕座下。死后体躯紧张，在孢子侵入部位往往出现缢束状凹陷，约经1天，尸体上部即能生长出气生菌丝及分生孢子。在大蚕发病时，蚕体上出现褐色大形病斑1～2个，位置不定，多在节间膜或肛门处，随病势进展扩大。死后，病斑周围渐硬化，其他部位并不变硬而容易腐烂变黑褐色，其病程2～4天，尸体经1～2天后硬化的病斑处长出气生菌丝及分生孢子，初呈黄绿色，后变褐色或深绿色（图10-42）。

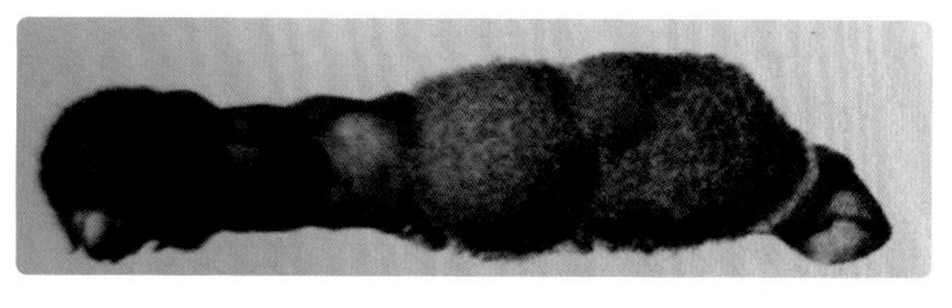

图10-42　曲霉病

3. 真菌病的防治

（1）养蚕前蚕室、蚕具清洗消毒。消特灵消毒一次，再用“402”消毒一次。蚕室经消毒后要通风排湿，蚕具放到日光下充分暴晒，防止竹木器材发霉。

（2）及时处理病蚕，严防重复感染。一条僵蚕都成为一个新的病原体，所以，一旦发现，必须及早投入消毒缸盂或塑料袋中，并及时处理蚕沙。

（3）加强桑园治虫，消灭交叉感染。

（4）使用防僵药剂。防僵药剂有防僵粉、敌蚕病、防僵零二号、蚕熏灵等。

第六节　上蔟售茧

一、上蔟

春蚕见熟30%，夏秋蚕见熟20%时，或在见熟10%时添食蜕皮激素后开始捉熟蚕上蔟片上蔟。

春蚕上蔟20～24 h，夏秋蚕上蔟16～20 h，初具茧形见白后，及时清理蔟室场地，清除蚕沙。

在上蔟时应避免强风直吹。上蔟1足天后，适当开门开窗，加强通风换气，如遇高温闷热或阴雨多湿天气，可用电风扇微风面墙而吹，以利排湿（图10-43）。

1. 蔟室温度

上蔟初期25℃，初具茧形后保持24℃。如遇22℃以下低温时，要用微火加温。

2. 蔟室光线

蔟室要保持光线暗淡均匀，避免强光直射。

图10-43　上蔟

二、采茧与投售

1. 适时采茧

春蚕、晚秋上蔟后7～8天，夏蚕、中秋蚕上蔟5～6天，蛹体呈黄褐色时采茧。不采毛脚茧、嫩蛹茧。

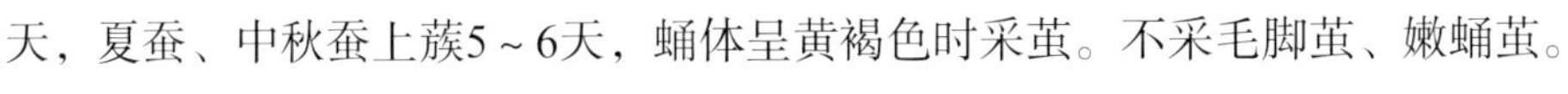

2. 严格选茧

采茧时按上茧、次茧、下茧不同类别，严格选茧，分类放置，分类投售，不售统茧。

3. 装茧投售

用竹篓、箩筐等透气性好的器具松装快运，适时投售。不用蛇皮袋、布袋装茧，以防蒸热（图10-44）。

图10-44　售茧

三、养蚕后清洁消毒

养蚕结束后，对蚕室、蔟室、蚕具及周围环境及时进行清洁消毒；蚕沙作堆肥发酵；病死蚕、烂茧等废弃物集中处理；方格蔟经火燎、塑料蔟经消毒、日晒后，集中存放。

主要参考文献

杭州市农业局，2007. 都市农业实用新技术宝典. 杭州：浙江科学技术出版社.

李惠明，赵康，2012. 蔬菜病虫害诊断与防治. 上海：上海科学技术出版社.

林永金，2003. 塘栖枇杷. 哈尔滨：天马图书有限公司.

刘大培，2013. 杭州运河土特产. 杭州：杭州出版社.

吕佩珂，苏慧兰，高振江，2013. 多年生蔬菜水生蔬菜病虫害诊治原色图鉴. 北京：化学工业出版社.

王庆，2020. 余杭区农业农村志. 北京:方志出版社.

浙江蚕桑学会，1982. 蚕桑科技手册. 杭州：浙江科学技术出版社.

郑少泉，2005. 枇杷品种与优质高效栽培技术. 北京：中国农业出版社.